Oiseaux migrateurs

Oiseaux migrateurs

Texte de Vladimír Bejček

Illustrations de Pavel Dvorský

Gründ

Garantie de l'éditeur

Pour vous parvenir à son plus juste prix, cet ouvrage a fait l'objet d'un gros tirage. Malgré tous les soins apportés à sa fabrication, il est malheureusement possible, qu'il comporte un défaut d'impression ou de façonnage. Dans ce cas, ce livre vous sera échangé sans frais.

Veuillez à cet effet le rapporter au libraire qui vous l'a vendu ou nous écrire à l'adresse ci-dessous en nous précisant la nature du défaut constaté. Dans l'un ou l'autre cas, il sera immédiatement fait droit à votre réclamation.

Librairie Gründ — 60, rue Mazarine — 75006 Paris

Traduction de Dagmar Doppia
Arrangement graphique par Antonín Chmel

ISBN 2-7000-1822-2
Dépôt légal: février 1989
Imprimé en Tchécoslovaquie par Svoboda, Prague
3/15/22/53-01

Origines et particularités des oiseaux

Les premiers êtres qui rappelaient les oiseaux actuels par leur plumage et leurs ailes apparurent sur la Terre vers la fin du Jurassique, à l'ère secondaire, il y a 150 millions d'années environ. Néanmoins, ce n'étaient pas encore les oiseaux que nous connaissons aujourd'hui: ils constituaient plutôt un chaînon entre leurs ancêtres reptiles et les oiseaux proprement dits. Dans la classification systématique, ils forment la sous-classe des Ptérosaures *(Saururae)* dont le représentant le plus célèbre était l'archéoptéryx *(Archeopteryx lithographica).* Il était à peine aussi grand qu'un pigeon et sa morphologie comportait encore de nombreux caractères reptiliens: longue queue composée de vertèbres pleinement développées et bordée sur les côtés de rectrices, mâchoires munies de dents, membres antérieurs dotés de trois doigts griffus libres, etc. Il n'est pas tout à fait certain que les oiseaux descendent réellement des Pseudo-suchiens, mais il est évident qu'il faut chercher leurs ancêtres parmi les reptiles car les deux groupes présentent de nombreux traits communs: la peau des oiseaux est «sèche», sans glandes, exception faite de la glande uropygienne sur le croupion qui peut d'ailleurs être très souvent atrophiée. À l'instar des reptiles, certaines parties du corps des oiseaux, comme par exemple les tarses ou le bec, sont revêtues de formations cornées. Il en est de même de l'oviparité, mode de reproduction reptilien par excellence, à ceci près que les œufs des oiseaux ont une coquille dure dont la substance constituante est le carbonate de calcium.

Du point de vue de l'évolution, les oiseaux sont une classe très performante qui se place, avec ses quelque 8 600 espèces actuellement vivantes, tout de suite après celle des poissons.

Parmi les oiseaux vivant actuellement prédominent les passereaux, dont la taille moyenne est celle d'un moineau. Les oiseaux les plus petits sont les colibris dont le plus petit représentant est l'oiseau-mouche Hélène (*Calypte helenae*) qui mesure à peine 6 cm queue comprise et pèse 1,5 g. Le géant parmi les oiseaux est l'autruche (*Struthio camelus*) qui mesure 2 mètres de haut et pèse 100 kg environ. Des oiseaux bien plus grands encore (mesurant 3,6 mètres de haut et pesant jusqu'à 500 kg) vivaient, il y a quelques siècles encore, en Nouvelle-Zélande et à Madagascar. Les œufs des moas néo-zélandais et des autruches malgaches pesaient jusqu'à 10 kg. L'homme est très certainement le principal responsable de la disparition de ces oiseaux géants.

En dépit de leurs différences considérables de taille et de silhouette, les oiseaux constituent une classe de vertébrés très homogène, assez facile à décrire. Leur corps est revêtu de plumes qui leur permettent, avec la transformation de leurs membres antérieurs et l'allégement de tout le squelette, de se déplacer dans les airs. La coloration des plumes est déterminée soit par des pigments, soit par des phénomènes physiques de décomposition de la lumière sur la structure fine des vexilles. Parmi les pigments prédominent les mélanines qui teintent la plume de noir, de brun et de beige jaunâtre, des caroténoïdes (jaune vif et rouge) et des porphyrines (vert et rose).

De nombreuses espèces d'oiseaux revêtent, avant et pendant la saison de nidification, une livrée nuptiale multicolore, puis redeviennent ternes pendant la période du repos sexuel. Ils acquièrent leur livrée nuptiale en muant partiellement (Gaviidés, un grand nombre de Charadriiformes, mâles des canards) ou en perdant l'extrémité des plumes de contours (mâle du pinson). Les oiseaux revêtent à nouveau leur plumage d'éclipse après une mue totale.

La vue est le sens le plus performant chez les oiseaux et se caractérise par un haut degré de netteté.

Le schéma ci-dessous montre les différentes parties du corps d'un oiseau.

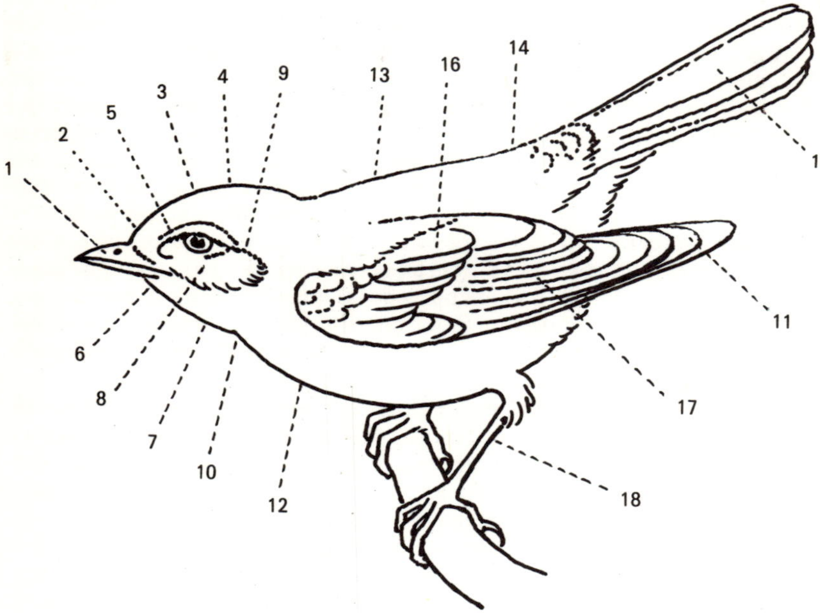

1 — bec, 2 — front, 3 — calotte, 4 — nuque, 5 — sourcil, 6 — menton, 7 — gorge, 8 — joue, 9 — plage auriculaire, 10 — cou, 11 — aile, 12 — poitrine, 13 — dos, 14 — croupion, 15 — queue, 16 — sus-alaires, 17 — rémiges, 18 — patte (tarse).

Migrations des oiseaux

On peut diviser les oiseaux en trois groupes selon leurs déplacements saisonniers. Il s'agit des oiseaux migrateurs, que nous allons étudier dans le détail, des oiseaux erratiques ou nomades et enfin des oiseaux sédentaires. On appelle oiseaux migrateurs ceux qui quittent régulièrement chaque année leur territoire de nidification pour une certaine période et se rendent dans les contrées souvent fort éloignées au climat plus clément. Les oiseaux sédentaires, en revanche, restent fidèles toute leur vie durant à leur territoire de ponte qu'ils ne quittent pas, même en dehors de la saison de nidification. Les oiseaux nomades se situent à mi-chemin entre les deux groupes décrits. Ce dernier groupe d'oiseaux ne se livre à aucune migration régulière, mais une fois terminée leur période de nidification, ils errent dans un périmètre qui peut couvrir des centaines de kilomètres. La limite entre les trois catégories est floue. Parfois, les populations nordiques sont migratrices alors que les populations de la même espèce qui nichent plus au sud, dans les conditions climatiques plus favorables, peuvent être erratiques ou même sédentaires.

On estime que plus d'un tiers de l'avifaune du monde et la majorité de celle de l'Amérique du Nord et de l'Eurasie sont constitués d'oiseaux migrateurs. Ces oiseaux se reproduisent au nord de leurs centres d'hivernage, dans des régions très éloignées. Des routes migratoires principales relient l'Amérique du Nord à l'Amérique du Sud, l'Eurasie à l'Asie du Sud-Est et l'Eurasie à l'Afrique. Chaque vol intercontinental suppose une traversée des mers, des océans et des chaînes de montagnes. On a pu déterminer qu'un tiers de la totalité des oiseaux qui s'envolent de l'Europe et de l'Asie pour hiverner en Afrique ne reviennent plus. Beaucoup d'entre eux périssent dans les tempêtes, d'autres deviennent la proie des prédateurs, d'autres encore meurent de faim. De nombreux oiseaux périssent aussi par la main de l'homme.

Origine des migrations

Depuis toujours, les migrations les oiseaux ont intrigué des hommes et ceux-ci ont échafaudé à ce sujet les hypothèses les plus fantastiques. Ainsi on croyait que les hirondelles s'enfouissaient dans la vase des étangs asséchés pour y passer l'hiver et que les oies s'envolaient jusqu'à la Lune à la mauvaise saison.

De nombreuses énigmes ont pu trouver une explication grâce à des méthodes d'étude objectives, fondées sur le marquage des oiseaux par des bagues légères ou autres signes distinctifs. On a découvert peu à peu que les oiseaux migrateurs ont, en fait, deux patries souvent situées à des milliers de kilomètres l'une de l'autre. On croit généralement que les oiseaux migrent pour l'hiver afin de ne pas mourir de froid ou de faim sur leur territoire de nidification. Ceci est sans doute vrai pour certaines espèces d'oiseaux migrateurs, mais chez la plupart d'entre elles, les migrations sont le résultat d'une impulsion instinctive qui les oblige, en automne, à s'envoler pour leurs lieux d'hivernage, puis à revenir au printemps sur leur territoire de ponte. Ce déterminisme se manifeste de façon évidente quand on élève en cage un oiseau migrateur. Au fur et à mesure que l'automne approche, il devient de plus en plus inquiet et se heurte aux barreaux de la cage. Cette agitation disparaît dès que la migration s'achève et aussitôt après que ses congénères libres ont atteint leur centre d'hivernage. Ce comportement instinctif s'empare même des individus qui n'ont jamais vécu la migration et qui ne sont pas incités à migrer par leurs congénères.

L'impulsion migratoire dépend de certaines hormones, sécrétées par des glandes endocrines spéciales. L'activité de ces glandes est déterminée par la durée de la lumière du jour. On a émis certaines hypothèses selon lesquelles, à l'origine, les oiseaux ne vivaient que sous le climat tropical. Au bout d'un certain temps, ils auraient envahi tout l'espace disponible de cette zone et auraient donc dû, à la saison des nids, se répandre vers le nord pour trouver suffisamment d'espace et de nourriture pour leurs jeunes. Dès que les jours commençaient à raccourcir en automne, les oiseaux se hâtaient de regagner leur aire d'origine sous les tropiques. Une autre cause de migrations pourrait être la durée relativement restreinte du jour tropical qui, au niveau de l'équateur, est de 12 heures, alors que dans la zone tempérée elle peut être en été de 14 à 16 heures. Les oiseaux peuvent dans ces conditions chercher plus longtemps leur nourriture et élever plus facilement leurs petits.

Une autre hypothèse part de l'idée qu'avant les glaciations tous les oiseaux étaient sédentaires et que les migrations sont apparues comme une nécessité d'adaptation entraînée par la rudesse du climat de cette époque. D'autres spécialistes estiment par contre que les premières migrations, identiques à celles d'aujourd'hui, ont eu lieu il y a au moins 15 ou 20 millions d'années.

Il existe encore toute une série d'hypothèses analogues ou totalement différentes. Aucune ne fait le tour de la question ; toutes, en revanche, comportent des points obscurs. Une chose est certaine : les migrations des oiseaux n'ont pas été provoquées par un facteur unique, mais résultent de l'action combinée de toute une série d'influences. Ainsi, les migrations annuelles vers les hivernages suivies de migrations de retour ont fini par se stabiliser et elles se maintiennent aujourd'hui encore, bien que, les conditions initiales ayant souvent changé, les oiseaux ne soient plus obligés de migrer. La preuve en est que certaines espèces (martinet noir, loriot d'Europe) ne restent dans les régions situées plus au nord que pendant les semaines nécessaires à l'émancipation de leurs petits et aussitôt après, reviennent dans les régions du sud.

L'expansion rapide des populations entraîne nécessairement une invasion des régions limitrophes, voire même des territoires plus éloignés, ce qui s'est révélé extrêmement avantageux du point de vue de l'évolution. S'il est vrai que les oiseaux sont apparus avant les mammifères, il n'en reste pas moins qu'aujourd'hui, 8 600 espèces d'oiseaux peuplent la Terre alors que le nombre d'espèces de mammifères atteint à peine la moitié de ce chiffre : elles sont au nombre de 4 200.

Hauteur, vitesse et formations de vol

La migration printanière des oiseaux commence en Europe dès le mois de février et s'achève en juin. Vers la fin du mois de juin, cependant, la migration automnale s'annonce. Ces déplacements saisonniers obéissent à une règle : les oiseaux qui migrent vers les régions proches quittent leur territoire de nidification très tard pour y réapparaître les premiers, au printemps. Ceux, par contre, qui s'envolent vers des contrées lointaines, désertent leur territoire de ponte peu de temps après l'émancipation de leurs petits et y reviennent très tard au printemps.

La hauteur de vol des oiseaux migrateurs dépend du relief du paysage et des conditions atmosphériques. En étudiant les mouvements migratoires au radar, on a constaté que de nombreuses espèces voyageaient à une très grande altitude. Ainsi, on a observé des grues cendrées à une altitude de 5 000 mètres, des passereaux qu'on n'a pas su déterminer à une altitude de 6 000 mètres, et une fois même à 7 000 mètres. Des geais des chênes, qu'on

Oies

Laridés

peut aussi très bien distinguer grâce au radar, ont été repérés à une altitude de 3 300 mètres alors qu'ils volent couramment à une altitude qui oscille entre 1 600 et 2 000 mètres. Ces données ont été collectées dans des régions de plaine et elles ne sont pas maximales. Au-dessus des chaînes montagneuses en effet, les oiseaux montent encore beaucoup plus haut. La plupart des espèces qui survolent l'Himalaya montent jusqu'à 6 000 mètres, les oies même jusqu'à 9 000 mètres.

Les petits oiseaux volent le plus souvent à une altitude de 300 mètres environ, les canards à près de 500 mètres et les rapaces à 1 000 mètres. De mauvaises conditions atmosphériques, le brouillard, par exemple, peuvent contraindre les oiseaux à voler très bas au-dessus du sol. On a constaté que les passereaux pouvaient voler à une altitude variant entre 0,5 et 7 000 mètres. Ceci est une autre preuve de la grande variabilité et de la complexité des migrations des oiseaux.

Les différentes espèces d'oiseaux migrent à différentes heures de la journée. Les rapaces et les corvidés par exemple volent le jour, alors que la majorité des passereaux voyagent la nuit. Un grand nombre d'autres espèces, telles que les oies, les cigognes, les grues, les hirondelles, volent indifférem-

Canards

Corbeaux

ment le jour ou la nuit. Le vol de nuit dure en général de 6 à 8 heures, s'interrompant seulement si le ciel est entièrement couvert.

Au cours de la migration, les petits oiseaux atteignent la vitesse de 50 km/h environ, les rapaces de 50 à 60 km/h et les canards de 80 à 95 km/h. Les conditions météorologiques, toutefois, ont une grande influence sur la vitesse de vol. Les oiseaux atteignent leurs meilleures performances avec un vent de côté. Lorsque le temps n'est pas favorable, la migration ralentit et peut même s'interrompre. La migration d'automne est généralement plus lente que celle du printemps, pendant laquelle les oiseaux se hâtent pour parvenir le plus tôt possible sur leur territoire de nidification.

Huîtriers

De nombreuses espèces d'oiseaux telles que grues, oies, canards, cigognes, mouettes, pigeons, hirondelles, Corvidés, Turdidés, bergeronnettes ou étourneaux, se rassemblent, à l'occasion de la migration, en bandes plus ou moins importantes. Les bandes d'étourneaux, par exemple, comptent jusqu'à 5 000 individus. Les canards, eux aussi, peuvent former pour la circonstance des bandes gigantesques. Mais celles qui comptent le plus d'individus, parfois jusqu'à 10 000, sont les bandes des Charadriiformes réunissant différentes espèces de limicoles qui ont à peu près la même taille. Les Corvidés et les Fringillidés constituent aussi des bandes mixtes. Les bandes s'agrandissent au cours de la migration, surtout pendant l'escale.

En se regroupant dans les bandes, les oiseaux se défendent contre les facteurs défavorables. En volant, ils adoptent différentes formations caractéristiques. Les grues, les oies, les pélicans, les cygnes en particulier volent en formation triangulaire. On a pu prouver que le vol en V est avantageux du point de vue de la dépense énergétique pour tous les oiseaux de la bande sauf pour celui qui vole en tête. C'est pourquoi les oiseaux se relaient à cette place de temps à autre. Les mouettes volent le plus souvent en ligne, l'une derrière l'autre. Les canards, par contre, s'ils n'adoptent pas la formation en V, volent en ligne oblique. Les huîtriers (*Haematopus*) migrent en ligne transversale, les uns à côté des autres, alors que les ibis se suivent en ligne ondulée. Néanmoins, la majorité des oiseaux, surtout les petites espèces (Corvidés, Turdidés, étourneaux, hirondelles) volent en bandes désordonnées.

Certains oiseaux ne se regroupent pas en bandes et migrent isolés. Ce sont surtout les rapaces, le chevalier cul-blanc (*Tringa ochropus*), le coucou gris (*Cuculus canorus*), l'engoulevent d'Europe (*Caprimulgus europaeus*), le loriot d'Europe (*Oriolus oriolus*), le gobe-mouches brun (*Muscicapa latirostris*) et un grand nombre de passereaux qui migrent la nuit, tels que les fauvettes (*Sylvia*). Nombre de ces migrants isolés se rassemblent à certains endroits de leur voyage, formant un semblant de groupe. Le Bosphore constitue par exemple un point de ralliement.

Navigation et orientation

L'une des plus grandes énigmes inhérentes au phénomène des migrations est la question de la navigation et de l'orientation. Par navigation on entend la capacité des oiseaux à choisir et à maintenir la bonne direction sans tenir compte de la topographie. L'orientation, en revanche, est la capacité de l'oiseau à contrôler sa direction d'après les repères topographiques. Les recherches relatives à la navigation et à l'orientation des oiseaux s'effectuent surtout sur le plan expérimental et exploitent les résultats du baguage. Les différentes espèces d'oiseaux migrateurs ont différents modes d'orientation.

ˌomportement de nombreuses espèces d'oiseaux migrateurs est guidé ˌnstinct. Vraisemblablement, elles arrivent au monde avec la connais- de leur axe migratoire et un sens de navigation instinctif qui les conduit ˌleur lieu d'hivernage et pendant leur voyage de retour. Chaque individu emprunte infailliblement, dès le premier automne, une direction précise qui l'amène dans un endroit précis; c'est la preuve certaine du fondement instinctif des migrations. Sinon, comment expliquer que les jeunes coucous qui précèdent leurs parents sur leur lieu d'hivernage sachent quelle direction emprunter et dans quelle région se rendre?

Lorsque les jeunes et les vieux oiseaux migrent ensemble, les premiers profitent de l'expérience des seconds qui connaissent parfaitement la route. Mais même dans ce cas, les oiseaux ne se fient pas uniquement à l'expérience car ils survolent souvent de vastes étendues de mers et d'océans où il n'y a aucun repère d'orientation. La position du soleil dans la journée et la disposition des étoiles dans la nuit ont alors une importance capitale. On a aussi émis toute une série d'hypothèses relatives au champ magnétique, à la gravitation de la Terre et à la perception de la force centrifuge, à la lumière polarisée et autres phénomènes physiques. Quant à l'orientation, elle s'appuie sur la topographie (montagnes, fleuves, plans d'eau) qui joue alors un rôle primordial.

Il semble cependant que chacun de ces facteurs ne permette pas à lui seul de guider les oiseaux. Lors de leurs voyages, ils mettent en œuvre plusieurs stratégies selon la situation donnée. Il est inutile de préciser qu'il existe dans ce domaine d'innombrables questions qui restent aujourd'hui encore sans réponse.

Marquage des oiseaux

Le baguage est la méthode la plus courante pour marquer les oiseaux. Les premiers essais dans ce domaine ont été faits au XVIIIe siècle, en 1740, lorsque le berlinois Johann Frisch attacha des cordelettes aux pattes des hirondelles avant leur voyage automnal. En 1803, Audubon se servait d'un fil en argent pour le même usage, mais c'est seulement en 1899 que le professeur danois Christian Mortensen a pris l'initiative de fixer sur les pattes des oiseaux de légères bagues métalliques portant un numéro et le nom du lieu de départ.

Il a bagué ainsi plus de 150 étourneaux et, dès les années 1899—1901, a obtenu les premiers résultats intéressants. En 1902, on a commencé à appliquer la méthode de Mortensen en Allemagne et aux États-Unis, en 1908 en Hongrie, en France et en Antarctique, en 1909 au Canada, en Russie, en Grande-Bretagne et ainsi de suite. Actuellement, on bague les oiseaux systématiquement sur tous les continents. En Europe, le baguage est organisé officiellement dans tous les pays à l'exception de l'Albanie.

Marquage des oiseaux: a — bague classique, b — collier et anneau plus récents,

Dès 1899, on a bagué dans le monde entier 50 millions d'oiseaux environ et enregistré 1 million de retours. Chaque année, on bague 2 millions de migrateurs supplémentaires. On fabrique plusieurs modèles d'anneaux en alliages légers et durs, depuis les plus petits dont le diamètre ne dépasse pas 2 mm jusqu'à ceux dont le diamètre est supérieur à 25 mm. Bien que les centres de marquage ne récupèrent les informations que sur une fraction infime d'oiseaux bagués, ils ont réussi à élucider plus d'une énigme concernant les routes migratoires et les hivernages de nombreuses espèces.

Au cours des dernières décennies, on a inauguré l'utilisation de marques qu'on fixe sur les ailes des gallinacés, des palmipèdes et des pingouins. On a commencé à marquer certaines espèces sélectionnées avec des bagues particulières (cigognes) ou des colliers en plastique (oies, cygnes) dont le numéro

c — marque fixée à l'aile et lisible de loin.

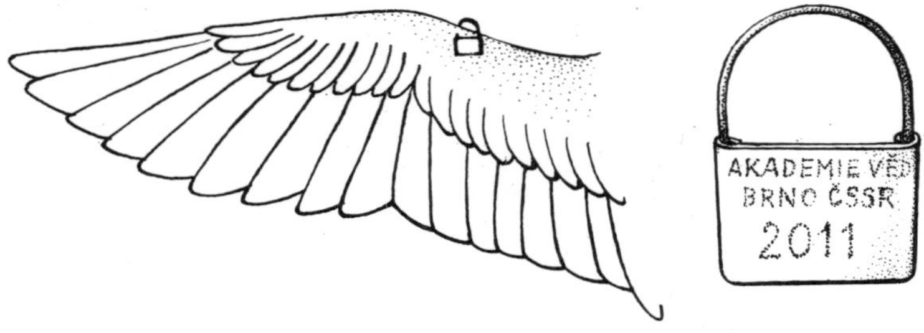

est visible aux jumelles et même à l'œil nu, de sorte que la capture de l'oiseau devient désormais superflue.

A l'origine, on baguait uniquement les jeunes oiseaux faciles à prendre dans le nid. Par la suite on a développé une série de dispositifs qui permettaient de capturer les oiseaux en vol : filets, différents pièges et boîtes tombantes. Le marquage des oiseaux est régulièrement organisé dans différents États par les organismes officiels tels que les musées ou les instituts qui dépendent des Académies des sciences. Actuellement, le baguage des oiseaux incombe aux centres ornithologiques. Il en existe plus de 300 dans le monde dont certains travaillent pendant toute l'année, d'autres seulement en période de migrations. Le premier centre ornithologique a été fondé sur l'île Helgoland. Mais le marquage des oiseaux n'est pas l'unique tâche de ces centres. En effet, ils sont également chargés de tenir un compte systématique des oiseaux en train de migrer.

Traversées de courtes ou de grandes distances

Certaines espèces d'oiseaux migrateurs franchissent de courtes distances alors que d'autres effectuent des parcours très longs. Les premiers se déplacent en principe dans les limites d'un seul continent, comme par exemple certains oiseaux qui nichent dans le nord de l'Europe et qui hivernent en Europe centrale ou méridionale, ou encore les populations d'Europe centrale qui se rendent pour l'hiver au sud de l'Europe ou, à la rigueur, au nord de l'Afrique. Les oiseaux migrateurs de la seconde catégorie s'envolent vers d'autres continents pour hiverner dans des endroits souvent fort éloignés de leur aire de nidification. Ainsi, un grand nombre d'espèces qui nichent dans le Grand Nord européen regagnent leurs quartiers d'hiver situés en Afrique, au sud du Sahara.

Avant d'entreprendre la migration, il est de première importance que les oiseaux engraissent, car le vol exige une grande dépense énergétique. Ainsi, les espèces qui migrent vers les contrées très éloignées dépensent naturellement beaucoup plus d'énergie que celles qui hivernent près de leur aire de reproduction; les premières doivent par conséquent se constituer des réserves de graisse bien plus importantes que les secondes.

La sterne arctique (*Sterna paradisaea*) est un véritable champion quant à la longueur de son trajet migratoire. Elle se reproduit, en effet, dans la toundra arctique et hiverne jusqu'en Antarctique, effectuant ainsi chaque année un voyage qui débute au 83ᵉ degré de latitude Nord environ pour s'achever à proximité du 74ᵉ degré de latitude Sud. Les sternes arctiques se rendent dans les régions du sud, solitaires ou par petits groupes, le long de la côte orientale ou occidentale d'Amérique du Nord et du Sud, puis longent la côte ouest de l'Afrique en volant à une faible altitude au-dessus de l'eau. Pour reprendre des forces, les sternes arctiques se posent sur des objets flottants divers. On a pu prouver que certaines d'entre elles parcourent, chaque année, jusqu'à 36 000 kilomètres.

Un grand nombre d'espèces qui migrent vers les contrées éloignées sont capables de franchir des distances énormes d'une seule traite. Le pluvier doré américain (*Pluvialis dominica*) est un représentant typique de cette catégorie de migrateurs. Ses populations qui habitent les îles Aléoutiennes dans l'océan Pacifique franchissent 3 200 kilomètres sans escale jusqu'aux îles Hawaii.D'autres populations du pluvier doré américain qui nichent dans le nord du Canada volent d'abord jusqu'au Labrador d'où elles partent vers l'Argentine sans interruption, en longeant le littoral de l'Amérique du Nord et du Sud. Au printemps, elles reviennent en survolant l'Amérique centrale et en remontant la vallée du Mississippi. En volant, elles profitent des vents qui soufflent, au printemps et en automne, approximativement dans le sens de la migration.

Autres types de migrations

Outre les voyages migratoires réguliers vers les lieux d'hivernage, puis vers l'aire de reproduction, il existe plusieurs autres types de migrations. En premier lieu, il s'agit des migrations sur la terre ferme ou sur l'eau. On observe ces deux cas chez les pingouins. Le pingouin empereur, par exemple, franchit en marchant 40 à 50 km entre son territoire de ponte et les endroits où il trouve de la nourriture en abondance.

Un type particulier de migration sont les pérégrinations à la recherche d'eau, observées surtout chez les gangas, et les déplacements provoqués par le mauvais temps chez les oiseaux qui se nourrissent de minuscules insectes, de plancton aérien (martinets, hirondelles de fenêtre ou de rivage).

Les migrations verticales auxquelles se livrent certains gallinacés, tels que le colin de Virginie (*Colinus virginianus*) ou le colin de Californie (*Lophortyx californicus*) qui habitent la Sierra Nevada sont extrêmement intéressantes. Pendant les mois d'été, ces deux espèces vivent à des altitudes élevées, mais en hiver, elles descendent dans la vallée. Lors de ces déplacements, les oiseaux se rassemblent en petits groupes. Les distances qu'ils franchissent alors ne dépassent pas 40 kilomètres, mais le changement climatique lié au changement d'altitude de 1 200 mètres équivaut au déplacement de 1 600 kilomètres vers le sud, car la descente de 75 mètres correspond au déplacement d'un degré de latitude vers les climats plus chauds.

Routes migratoires

Les oiseaux migrateurs empruntent rarement des voies migratoires exiguës lors de leur voyage. Mais il arrive souvent que les espèces qui volent habituellement largement déployées, doivent se ramasser en une rangée étroite à cause des particularités du relief. Néanmoins, les facteurs qui déterminent l'adoption d'une voie migratoire étroite ne sont pas toujours liés à la nature du terrain, les facteurs purement écologiques ou historiques peuvent avoir également leur importance.

On pourrait penser que les oiseaux qui migrent régulièrement le long de la côte empruntent obligatoirement une voie exiguë. Mais ce n'est pas toujours aussi simple, car ces mêmes oiseaux peuvent changer d'itinéraire d'une année sur l'autre, et ne pas suivre toujours la même route. On peut faire la même observation au sujet des migrateurs qui suivent les vallées des fleuves pendant leur voyage. Sur les quatre axes migratoires très bien connus de l'Amérique du Nord se concentrent des quantités impressionnantes d'oies et de canards: le premier suit la côte de l'océan Pacifique, le second la vallée du Mississippi, le troisième traverse les Grandes Plaines et le quatrième longe la côte atlantique. Les oiseaux empruntent indifféremment l'une de ces quatre voies et les alternent de façont très irrégulière. En aucun cas ils ne sont liés définitivement à une seule route.

Les espèces qui empruntent souvent une route étroite sont les oiseaux qui planent en volant et dont l'exemple classique est la cigogne blanche. Certains passereaux appartiennent aussi à ce groupe. La pie-grièche écorcheur est l'un d'entre eux. Les pies-grièches venues de leur vaste aire de répartition, qui recouvre l'Europe et l'Asie occidentale, se réunissent dans les Balkans d'où elles regagnent Chypre puis l'Afrique. Au printemps cependant, les pies-grièches écorcheurs ne reviennent pas par la même voie.

La plupart des oiseaux migrateurs oscillent entre leur aire de reproduction et leur lieu d'hivernage en une formation largement déployée,. et volent très souvent étalés sur une largeur de plusieurs centaines de kilomètres. Parfois, au cours de leur migration, certaines populations peuvent s'étendre sur tout le continent dans le souci d'emprunter la trajectoire la plus courte pour atteindre leurs quartiers d'hiver ou leur territoire de ponte. Si la migration en formation déployée s'effectue dans la journée, il est extrêmement difficile de l'enregistrer. Une migration identique qui s'effectue la nuit est beaucoup plus spectaculaire car les oiseaux communiquent bruyamment entre eux. Dans la journée, les oiseaux volent en général plus haut et leurs voix disparaissent dans la rumeur, absorbées par le fond acoustique du jour.

Invasions

Par invasions, on entend les déplacements irréguliers, aussi bien dans le temps que dans l'espace, de quantités énormes d'oiseaux. Il s'agit, en principe, de masses d'oiseaux appartenant à la même espèce. Les invasions sont presque toujours provoquées par l'épuisement des sources de nourriture dans une région donnée.

On peut considérer que l'invasion ainsi que la migration saisonnière classique sont deux formes différentes d'adaptation aux variations existant dans l'abondance de nourriture. Les invasions ont lieu irrégulièrement, au bout de plusieurs années, alors que la migration saisonnière s'effectue chaque année.

Les espèces qui se livrent à des invasions peuvent être migratrices, erratiques ou sédentaires; les espèces migratrices sont toujours des oiseaux dont les lieux d'hivernage sont proches. Il s'agit, par exemple, du pinson du nord (*Fringilla montifringilla*) ou du sizerin flammé (*Carduelis flammea*).

La plupart des oiseaux qui pratiquent les invasions ont un régime alimentaire caractéristique, composé de fruits de toutes sortes dont la récolte change chaque année. Si la récolte est abondante pendant plusieurs années, les effectifs de l'espèce donnée s'accroissent. Si ces années fastes sont suivies par une mauvaise récolte, la plupart des individus appartenant à cette espèce doivent quitter massivement leurs nids et envahir une autre région pour ne pas mourir de faim.

De nombreuses espèces d'oiseaux insectivores se livrent à des invasions lorsque des quantités extraordinaires de criquets, de termites ou de fourmis essaiment vers d'autres régions. Parmi les oiseaux qui se nourrissent de petits rongeurs, seules certaines espèces de hiboux ou de chouettes pratiquent ce type de migration. L'une d'entre elles est la chouette harfang qui habite l'Eurasie et l'Amérique du Nord et dont les invasions peuvent être provoquées par les oscillations des effectifs des lemmings.

Nombre de ces migrateurs ne reviennent plus jamais sur leur lieu de nidification, et rares sont ceux qui arrivent à se reproduire dans leur nouvelle aire de répartition. Pour un grand nombre d'espèces, l'invasion équivaut à un voyage sans retour, car les oiseaux meurent sur le nouveau territoire.

Migrations en Europe et errances prémigratoires des jeunes oiseaux

Comparée aux autres continents, Australie exceptée, l'Europe est le continent le moins étendu. C'est l'une des raisons pour lesquelles les migrations qui s'effectuent à l'intérieur de l'Europe sont considérées en général comme des trajets de courtes distances. Les régions des côtes atlantique et méditerranéenne connaissent des hivers très doux, de sorte qu'une grande partie des oiseaux migrateurs d'Europe (surtout les espèces qui nichent en Europe septentrionale et centrale) s'y rendent pour l'hiver en empruntant la direction du sud-ouest pour revenir au printemps dans le sens opposé, en direction du nord-est. Les espèces qui migrent en Europe en direction du sud-ouest sont huit fois plus nombreuses que celles volant vers le sud-est. Les îles Britanniques, la France et l'Espagne sont des refuges d'hiver bien connus, accueillant les oiseaux qui migrent à l'intérieur du continent européen mais aussi ceux qui viennent d'Asie. Néanmoins, les populations qui hivernent dans ces régions ne sont pas toutes originaires du nord-est ou de l'est du continent; certaines d'entre elles viennent en effet d'Islande.

Les migrations des oiseaux en Europe sont extrêmement complexes, en partie du fait qu'il s'agit précisément de parcours de courtes distances. Pendant les hivers doux, de nombreuses espèces de canards, par exemple, ne quittent pas leur territoire de ponte, mais si l'hiver est rude, elles s'envolent par vagues successives vers la partie occidentale de la région méditerranéenne. Quant aux rapaces, la majorité des espèces européennes sont sédentaires, mais les populations nordiques de certaines d'entre elles partent pour l'hiver vers l'Europe centrale et méridionale.

Après avoir quitté le nid, certains jeunes oiseaux se livrent à un erratisme qui est souvent de longue durée. Certains hérons, comme par exemple le héron bihoreau ou la grande aigrette, se dirigent en général vers le nord, une fois sortis du nid, mais peuvent tout aussi bien s'envoler dans d'autres directions. Les jeunes étourneaux sansonnets ou mésanges charbonnières pratiquent eux aussi l'erratisme, qui précède la véritable migration.

Pourquoi les jeunes oiseaux errent-ils ainsi? La cause la plus probable est, chez la majeure partie des espèces, la nécessité de se procurer la nourriture sur des étendues vastes à l'époque où les populations des espèces atteignent leurs plus fortes densités sur leurs territoires de reproduction, faisant accroître ainsi la concurrence intraspécifique.

Migrations des oiseaux entre l'Eurasie et l'Afrique

L'Eurasie paléarctique, qui comprend le continent européen et une grande partie de l'Asie septentrionale, se caractérise par une avifaune commune. En effet, presque tous les oiseaux migrateurs européens qui effectuent de très longs parcours habitent également l'Asie du Nord.

Le réseau des routes migratoires au-dessus de l'Eurasie est extrêmement compliqué. La majorité des espèces se dirigent vers le sud-ouest, celles qui migrent vers le sud ou le sud-est sont bien moins nombreuses. Un grand nombre d'espèces asiatiques se rendent en Afrique et en reviennent en obliquant par l'Europe, d'autres au contraire longent le continent européen et migrent en Afrique en ligne directe. L'une de ces voies migratoires suit les côtes de la mer Caspienne et la mer Noire puis traverse les régions orientales de la Méditerranée, d'autres routes coupent l'Arabie pour suivre le littoral de l'Afrique orientale.

On estime très approximativement que plus d'un quart des oiseaux de la zone paléarctique hiverne en Afrique, au sud du Sahara. Le Soudan est un territoire d'élection (145 espèces); viennent ensuite le Rwanda, le Zaïre et le Burundi (122 espèces), le Kenya (120 espèces), les États du golfe de Guinée (113 espèces), le Zimbabwe (56 espèces) et la province du Cap de l'Afrique du Sud (54 espèces).

Il nous paraît tout naturel que les oiseaux migrateurs européens aillent hiverner en Afrique. Mais le fait que beaucoup de migrateurs asiatiques se rendent également en Afrique, au lieu d'hiverner au sud de leur propre continent, est déjà un peu troublant. Sur les 80 espèces migratrices capables de franchir de grandes distances qui nichent en Sibérie occidentale, 33 hivernent en Afrique, 37 en Inde et 10 indifféremment sur l'une de ces deux aires. Ce phénomène s'explique partiellement par la chaîne de l'Himalaya qui représente un important obstacle pour de nombreuses espèces.

Quelque 15 espèces viennent depuis l'Asie orientale hiverner en Afrique, parfois depuis le 140e degré de longitude Est. Parmi ces espèces, on peut citer le martinet noir, le râle des genêts, le traquet motteux, le pouillot fitis et la fauvette épervière.

Une petite partie de ces migrateurs asiatiques qui réalisent de très longs parcours viennent hiverner en Afrique du Nord. D'autres, plus nombreux, se rendent dans les régions équatoriales de l'Afrique, mais la majorité d'entre eux vole jusqu'au sud du continent noir. Davantage d'espèces viennent hiverner en Afrique orientale plutôt qu'en Afrique occidentale sans qu'on en connaisse la raison exacte. On pense que la proximité de l'Afrique orientale et de l'Asie a en l'occurrence son importance, car les masses d'oiseaux rencontrent cette partie du continent sur leur passage et s'y arrêtent pour y passer l'hiver.

En automne, une quantité énorme de passereaux se dirige vers l'Afrique. Ils traversent l'Europe en se déployant largement, mais avant d'entreprendre la traversée de la Méditerranée, ils se concentrent dans les endroits riches en

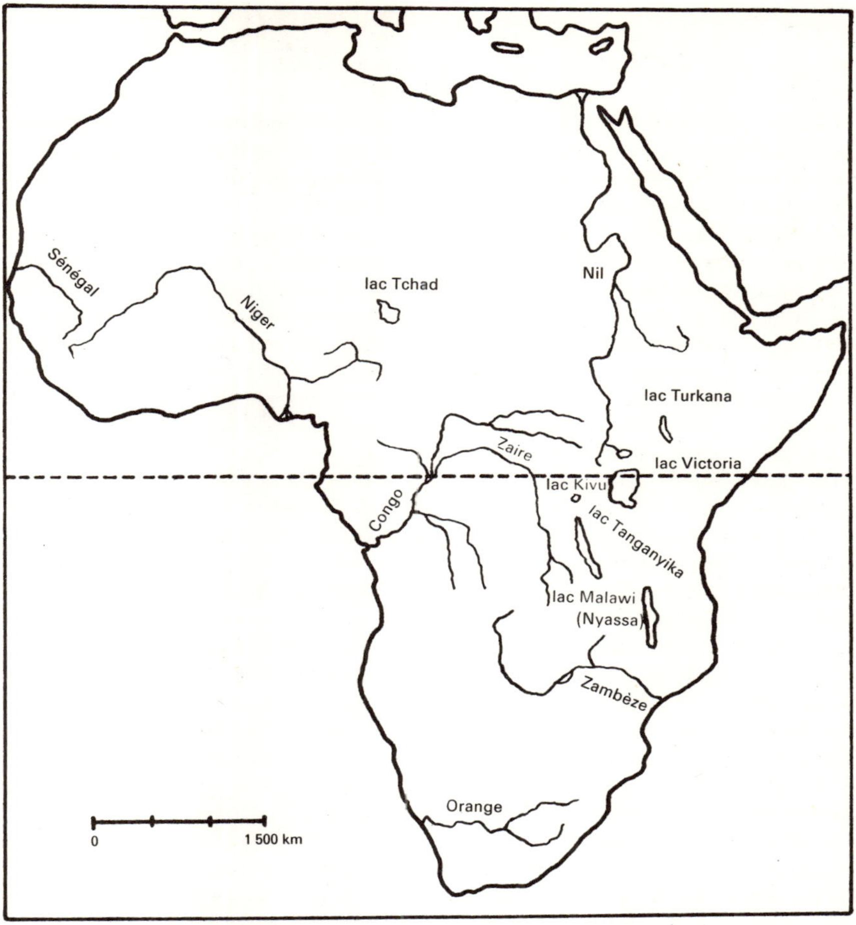

nourriture, sur sa côte européenne. Les forêts caduques et les broussailles du littoral regorgent littéralement de pouillots, de fauvettes et autres oiseaux chanteurs. Leur nombre augmente chaque jour mais on les entend plus qu'on ne les voit. Des centaines de milliers de voix carillonnantes se confondent en un chœur puissant jusqu'au jour où tous ces petits oiseaux entament un long voyage au-delà de la mer et du désert, vers les pays d'Afrique équatoriale. Là, ils sont beaucoup plus en sécurité qu'en Europe et en Asie.

Lors de leur traversée sans fin, la plupart des migrateurs survolent le Sahara largement déployés, franchissant une distance de 1 600 km environ au-dessus d'un paysage aride et désolé. Seules quelques espèces s'engagent dans la vallée du Nil où elles trouvent de la nourriture en abondance et des abris sûrs. A partir du confluent du Nil Blanc et du Nil Bleu, les oiseaux suivent généralement la vallée du Nil Bleu. Lorsqu'elle oblique vers le nord, ils traversent le défilé de montagne pour rejoindre la faille d'Afrique orientale (*Rift*) qui les conduit vers le sud. La seconde route migratoire, qu'empruntent surtout les populations asiatiques, traverse la partie orientale de la faille jusqu'au lac Turkana pour s'engouffrer ensuite entre les monts Elgon et Kenya et continuer au-delà de la Tanzanie, jusqu'au lac Nyassa (aujourd'hui Malawi) . La partie occidentale de la Rift Valley, depuis le lac Albert jusqu'au lac Malawi, mesure 1 500 km de long mais seulement 35 à 50 km de large. Elle est couverte de hauts massifs montagneux et enferme tout un complexe lacustre dont les lacs les plus importants sont les lacs Édouard, Kivu et Tanganyika. Une importante voie migratoire traversant cette région conduit les oiseaux vers les centres d'hivernage d'Afrique du Sud. On y rencontre les biotopes les plus variés qui se distinguent les uns des autres par les conditions climatiques: massifs de montagnes, savanes, lacs et fleuves, forêts tropicales ou de montagne. Cette diversité des biotopes attire une quantité d'oiseaux migrateurs qui s'y installent pour l'hiver. On voit dans l'eau peu profonde des lacs qui s'assèchent pendant cette période de l'année, des bandes immenses d'oiseaux aquatiques et de limicoles. Alors que l'hémisphère Nord entre dans l'hiver, des populations venues du nord de l'Europe et de l'Asie, ainsi que les oiseaux originaires du sud du continent africain, de Madagascar et peut-être même d'Afrique occidentale, se rassemblent aux environs du lac Kivu.

Dans les régions équatoriales et subtropicales d'Afrique on trouve également des endroits particulièrement recherchés par les oiseaux migrateurs d'Eurasie. C'est surtout à proximité des plans d'eau que se concentrent les oiseaux aquatiques. En Afrique, il existe beaucoup de régions où les limicoles d'Europe septentrionale rencontrent des conditions idéales pour hiverner. De ce fait, ils sont répandus depuis le Sénégal et le delta du Niger, à l'ouest, jusqu'au complexe lacustre de la plaine alluviale, à l'est et au sud, en passant par le bassin du lac Tchad. Il est extrêmement difficile de repérer les passereaux et les rapaces qui se dissimulent dans les arbres et les buissons. Toutefois, de nombreux oiseaux paléarctiques défendent leur territoire même dans leurs séjours d'hiver et certains vont jusqu'à chanter, ce qui permet de déceler plus facilement leur présence.

Un grand nombre d'oiseaux pélagiques, par exemple certaines sternes qui nichent en Europe, longent la côte atlantique de l'Afrique jusqu'aux régions situées à l'extrême sud de ce continent et plusieurs d'entre elles contournent le cap de Bonne-Espérance jusqu'à la côte Est. De nombreuses espèces de canards paléarctiques, en revanche, hivernent en Afrique équatoriale. Chaque année, 300 000 canards eurasiens environ se rassemblent dans le delta du Sénégal. En janvier 1971, par exemple, on a pu y observer 200 000 sarcelles d'été (*Anas querquedula*), 80 000 canards pilets (*Anas acuta*), et 1 000 canards souchets (*Anas clypeata*). A peu près à la même époque, on a recensé sur le lac Tchad 22 000 canards, avec prédominance des souchets, puis des canards siffleurs (*Anas penelope*), des sarcelles d'hiver (*A. crecca*), des sarcelles marbrées (*A. angustirostris*), des fuligules morillons (*Aythya fuligula*) et des fuligules milouins (*Aythya ferina*). Les sarcelles d'été, les souchets, les pilets, les canards siffleurs, les sarcelles d'hiver, les canards chipeau (*Anas strepera*), les fuligules milouins et morillons pénètrent par ailleurs au sud de l'équateur. En Afrique du Nord, il existe aussi un système de lacs où viennent hiverner des centaines de milliers de canards et d'autres oiseaux aquatiques. De nombreux limicoles eurasiens passent l'hiver dans les régions équatoriales. La majorité (42 espèces) hiverne en Afrique. Les espèces des limicoles locaux sont moins variées et leurs populations moins denses que chez leurs parents européens. Un grand nombre de limicoles d'Eurasie hivernent couramment sur toute l'étendue du continent africain au sud du Sahara. Ce sont surtout les chevaliers combattants (*Philomachus pugnax*) et les chevaliers sylvains (*Tringa glareola*); d'autres espèces, telles que les bécasseaux minute (*Calidris minuta*), les chevaliers aboyeurs (*Tringa nebularia*) et les grands gravelots (*Charadrius hiaticula*) sont moins représentées. Le troisième groupe de limicoles inclut les espèces qui n'apparaissent que dans certains endroits, mais en grande quantité (barges à queue noire, *Limosa limosa*). Les principaux centres d'hivernage où les limicoles se réfugient massivement à la mauvaise saison sont les deltas du Sénégal et du Niger, puis les bords des lacs Tchad, Édouard et Tanganyika. Les plus grands centres nord-africains de rassemblements hivernaux des limicoles se trouvent au Maroc occidental où on compte ces oiseaux par centaines de milliers. Dans l'un de ces centres, on a recensé 27 espèces de limicoles, 350 000 individus au total, avec une prédominance de bécasseaux et de barges à queue noire.

De nombreuses espèces appartenant à l'ordre des passereaux qui nichent en Europe et en Asie hivernent en Afrique. Les oiseaux insectivores sont ceux qui entreprennent les voyages les plus lointains. La famille la mieux représetée est celle des Sylvidés (*Sylviidae*); viennent ensuite les Turdidés (*Turdidae*), les Motacillidés (*Motacillidae*), les Laridés (*Laridae*) et les Hirundinidés (*Hirundinidae*).

DESCRIPTION DES ESPÈCES

Cet ouvrage met l'accent sur toutes les informations concernant les migrations de chaque espèce étudiée, en précisant surtout ses itinéraires, les départs pour les centres d'hivernage, les retours sur le territoire de reproduction, etc. Le terme «aire» est utilisé dans le texte comme synonyme de la zone de nidification.

La description de chaque espèce rassemble des indications relevant de la biologie qui précisent ses biotopes de prédilection, sa nourriture habituelle, l'emplacement et le mode de construction du nid; sont aussi précisées son aire de nidification et ses principales caractéristiques qui permettent de la distinguer des autres espèces, l'un de ces critères d'identification étant son cri. Les oiseaux lancent les cris les plus variés, dont le mieux connu et le plus caractéristique est le chant. Il est généralement réservé aux mâles et sa fonction est, en principe, double : il annonce à la femelle que le mâle est prêt à fonder un nid tout en avertissant les autres mâles de la même espèce qu'il ne faut pas franchir les limites de son territoire de ponte. L'oiseau émet également des cris d'appel ou de repérage, d'alarme et d'angoisse ; on distingue enfin la voix des immatures. Le cri d'appel sert à repérer les individus de la même espèce, son message étant «où es-tu? moi, je suis là». Il est plus doux que le chant, et son motif bref se répète souvent de façon cadencée. A l'instar du chant, il varie d'une espèce à l'autre. Le cri d'alarme fait part d'un danger éventuel et sa portée peut être interspécifique. Les voix des immatures remplissent les fonctions les plus variées.

Ce livre est loin de répertorier toutes les espèces migratrices d'Europe. Son objectif est de présenter les oiseaux les plus importants ou intéressants, ainsi que les différents types de migrations: itinéraires de longues ou de courtes distances, en voies étroites bien déterminées ou, au contraire, en un courant largement déployé, etc. La description de chaque espèce est accompagnée d'une petite carte sur laquelle sont indiquées en rose l'aire de nidification et en bleu l'aire d'hivernage de l'oiseau en question. Si l'espèce niche également sur le continent africain, on a délibérément omis de porter ces territoires sur la carte, à l'exception de ceux qui sont situés au nord du Sahara, car ces derniers font partie du complexe paléarctique au même titre que les aires de nidification eurasiennes. Sur certaines cartes, les plages jaunes indiquent l'aire de distribution des populations sédentaires ou erratiques.

DESCRIPTION DES ESPÈCES

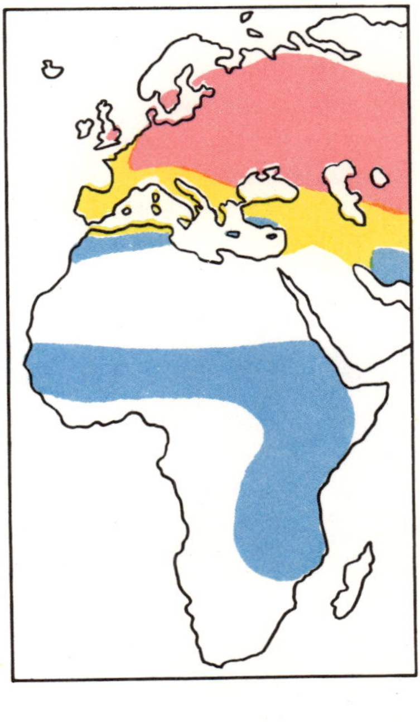

Légende des cartes dans la partie illustrée:
en bleu — aire d'hivernage,
en jaune — aire de nidification et
d'hivernage des populations sédentaires
ou erratiques,
en rose — aire de nidification.

Plongeon arctique Gaviidés
Gavia arctica *Gaviidae*

Pour nicher, les plongeons choisissent les grands lacs profonds de la toundra et de la taïga d'Europe, d'Asie et d'Amérique du Nord. Ils ont besoin de grands plans d'eau, non seulement pour chercher leur nourriture, mais surtout pour prendre leur envol et pour se poser. S'ils se trouvent loin d'une étendue d'eau au cours de leur migration, ils sont incapables de s'envoler. Une fois dans l'eau, ce sont des nageurs accomplis, exploitant pleinement toutes les possibilités que leur offre leur morphologie parfaitement adaptée à la vie aquatique: pattes courtes et fortes, formées comme des avirons, corps cylindrique allongé, plumage épais et bien graissé. Essentiellement piscivores, les plongeons arctiques pêchent également des crustacés, des mollusques et des batraciens. En pêchant, ils plongent à des profondeurs considérables. En Suisse, on a pu déterminer qu'ils plongeaient jusqu'à 21 mètres de profondeur.

Le plongeon arctique niche dans le nord de l'Eurasie. Pendant sa migration, il se dirige vers l'ouest et le sud-ouest pour atteindre ses quartiers d'hiver qui se situent sur le littoral de l'Europe occidentale, ou bien vers le sud-est et le sud pour hiverner au bord de la mer Noire et de la Méditerranée. Hormis les populations scandinaves et finlandaises, on rencontre sur la côte de la mer Noire les plongeons venus du nord de l'Europe orientale et de l'Asie. Au printemps, ces oiseaux s'envolent vers le nord, en faisant une partie du parcours en compagnie des populations scandinaves, mais par la suite ils continuent seuls en direction de la mer Blanche et des fleuves sibériens qui les conduisent dans l'arrière-pays. Lors de leur migration de retour, beaucoup plus longue, ils parcourent jusqu'à 15 000 km. La cause de ce retour complexe est due au fait qu'au printemps, les lacs de la partie occidentale de l'Eurasie dégèlent avant ceux des régions orientales où le climat est continental.

Le plongeon arctique est plus grand qu'un colvert. Son plumage nuptial (1) est gris cendré sur la tête et sur la nuque, noir sur le menton et sur la gorge. Les côtés du cou portent des rayures blanches longitudinales sur un fond noir. Son manteau noir est interrompu par deux taches qui se composent de petits rectangles blancs, formant des bandes transversales. Ce plumage nuptial somptueux contraste avec le plumage d'hiver (2), très discret. En hiver, les plongeons arctiques sont d'un brun-gris uniforme sur le dessus et blancs sur le dessous, y compris sur la gorge et le menton. Le plumage des immatures ressemble beaucoup au plumage hivernal.

Les ailes des plongeons sont courtes et étroites. En nageant, les plongeons les glissent sous les plumes des flancs. Pendant la nidification, ils ne volent pratiquement pas. C'est seulement pendant les migrations qu'ils effectuent de longs parcours. Leur vol est rapide et rectiligne. En volant, les plongeons tiennent leur long cou tendu vers l'avant.

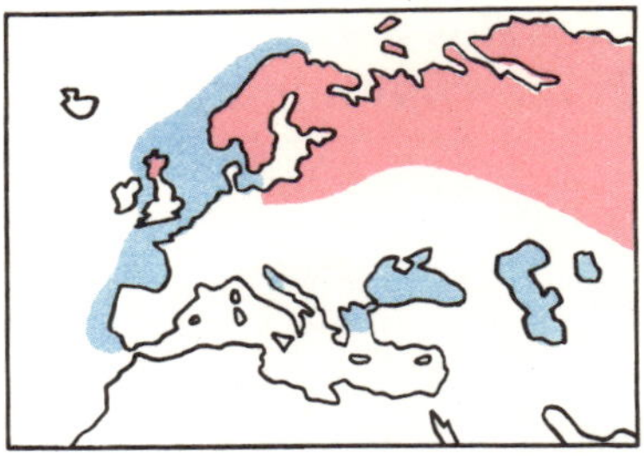

2

1

Blongios nain Ardéidés
Ixobrychus minutus *Ardeidae*

Le blongios nain niche presque partout en Europe, à l'exception des îles Britanniques, du Danemark, de la Scandinavie et des régions septentrionales de l'Europe orientale. C'est l'un des plus petits hérons. Il affectionne les vastes roselières au bord des eaux stagnantes et des cours d'eau lents. On a rarement l'occasion de l'observer bien qu'il vive souvent à proximité des agglomérations humaines. Son mode de vie discret explique cette contradiction.

Le blongios nain pêche dans l'eau peu profonde en se tenant généralement perché sur un rameau ou sur une tige au-dessus de la surface. Les invertébrés aquatiques constituent la majeure partie de son régime alimentaire, les poissons et les grenouilles ne représentant qu'un tiers de ses aliments. Il est actif surtout le soir, hormis la période pendant laquelle il nourrit ses petits.

Les blongios nains sont migrateurs sur toute leur aire d'extension. Ils reviennent sur leur territoire de ponte assez tardivement, fin avril ou début mai. Les vieux mâles apparaissent les premiers, suivis rapidement par les femelles adultes. Quinze jours plus tard seulement arrivent les jeunes oiseaux des deux sexes. Entre août et octobre, ils quittent leur aire de nidification pour s'envoler en direction de l'Afrique équatoriale et australe. Le blongios nain niche également sur une grande partie du continent africain, de sorte qu'il est très difficile d'y distinguer, entre octobre et mars, les populations locales des oiseaux venus d'Eurasie. Les principaux lieux d'hivernage des blongios européens et asiatiques se trouvent au Zaïre et en Afrique orientale.

3

Le blongios nain atteint à peine la taille d'une tourterelle. Les vieux mâles (1) ont la calotte et le dos noirs avec des reflets verdâtres, la tête, la gorge et presque tout le ventre jaune-brunâtre. Leur poitrine porte des taches brunes longitudinales. La femelle est brune sur le dessus avec des taches longitudinales. Les jeunes (2) ont tout le corps constellé de taches sombres et claires.

Le vol du blongios, extrêmement silencieux, rappelle celui du hibou. En vol, l'oiseau tient le cou replié en forme de S (3), à l'instar des autres hérons, et bat rapidement de ses larges ailes.

Au printemps, on reconnaît le mâle à ses cris, des «vourr-vourr» répétés qui retentissent surtout le matin, au crépuscule et dans la nuit. Le blongios émet encore toute une gamme de cris moins définissables.

1

2

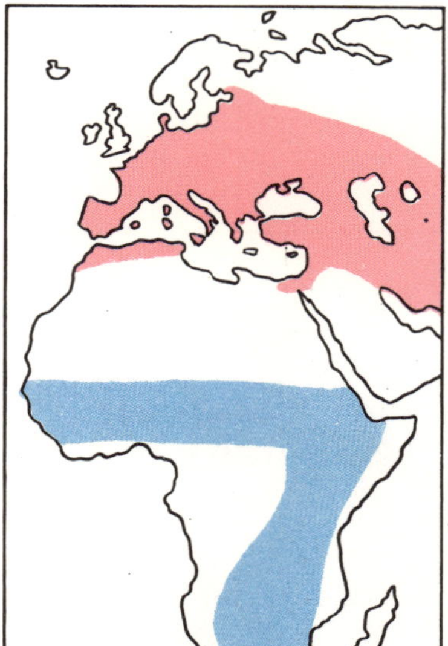

Héron bihoreau — Ardéidés

Nycticorax nycticorax — *Ardeidae*

Le héron bihoreau est un héron arboricole typique bien que, parfois, il choisisse pour des raisons inconnues de nicher dans les roselières. Il habite une vaste aire qui pénètre sur tous les continents. Les populations européennes du héron bihoreau sont exclusivement migratrices. L'aire de ses hivernages couvre le continent africain au sud du Sahara. Il hiverne également, en petit nombre, dans la région méditerranéenne et dans la partie tropicale de l'Asie. Il est extrêmement difficile de déterminer jusqu'où s'étendent, en Afrique, les hivernages des hérons européens car une sous-espèce locale du héron bihoreau qu'on a du mal à distinguer de l'espèce européenne habite la majeure partie de l'Afrique Noire.

En avril et en mai, les hérons bihoreaux reviennent de leurs hivernages. Ils arrivent toujours la nuit, et pendant une semaine environ, ils se reposent, dissimulés dans les broussailles. Leurs biotopes de nidification caractéristiques sont des étangs, des marais, des lacs peu profonds et des cours d'eau larges et lents, aux bords garnis d'une végétation débordante, constituée de broussailles et de formations d'arbres. Les hérons bihoreaux sont actifs surtout au crépuscule et la nuit, mais lorsqu'ils élèvent leurs petits ils s'activent aussi dans la journée. Ils chassent et pêchent dans la végétation du bord des étangs et des rivières, se nourrissent surtout de poissons, de batraciens et, occasionnellement, d'insectes.

Après avoir quitté le nid, les jeunes s'envolent vers tous les points cardinaux. Lors de ces pérégrinations qui précèdent la migration proprement dite, on peut les rencontrer partout en Europe. La principale vague de migrations des oiseaux adultes se dirige vers l'Afrique en septembre et en octobre.

Le héron bihoreau est incontestablement l'un des hérons les plus gracieux. C'est surtout pendant la période de nidification qu'il charme l'observateur par son aspect élégant et soigné. Il a à peu près la taille d'une corneille.

Sa tête, relativement grande, est ornée d'une huppe occipitale, composée de longues et étroites plumes blanches. Le mâle et la femelle ont la même coloration (1). Leurs bec, occiput et manteau sont noirs. Leurs ailes sont gris cendré sur le dessus. Le reste du corps est essentiellement blanc. On reconnaît les jeunes (2) à leur plumage brun foncé, strié de taches jaunâtres en forme de gouttelettes. Le cri que le héron bihoreau pousse en vol et qui retentit dans ses colonies ressemble à «knak» ou «konak».

Héron cendré
Ardea cinerea

Ardéidés
Ardeidae

Le héron cendré niche dans presque toute l'Eurasie, au sud du 60e parallèle et apparaît sporadiquement en Afrique du Nord. Il recherche plus spécialement des cours et des plans d'eau douce ou salée peu profonde, qui ne soit pas entièrement envahie par la végétation. Son régime alimentaire est exclusivement animal, le poisson étant le principal composant de son menu. Cependant, on rencontre souvent le héron cendré dans les champs où il chasse adroitement les mulots lorsque leurs populations se multiplient à l'excès. Il se tient à l'affût, absolument immobile, puis il harponne littéralement sa proie d'une détente rapide comme un éclair. Il niche généralement en colonies, dans les arbres et parfois dans les roselières. Dans les arbres, les nids sont placés jusqu'à une hauteur de 20 mètres. Une ponte compte 4 ou 5 œufs bleu-vert. Les héronneaux éclosent au bout de 4 semaines. Les parents les nourrissent avec une nourriture prédigérée. Il faut compter 7 bonnes semaines avant qu'ils ne s'émancipent et ne soient capables de quitter le nid. La plupart des populations de hérons cendrés d'Europe occidentale sont sédentaires, alors que celles de l'Europe septentrionale et orientale migrent pour l'hiver en Europe occidentale, centrale et méridionale et fréquemment jusqu'en Afrique, au sud du Sahara. Les jeunes quittent les lieux de nidification dès qu'ils s'émancipent, dans la seconde moitié de juin. Leurs pérégrinations spectaculaires servent de prélude à la migration proprement dite. Les oiseaux adultes s'en vont en septembre et en octobre, certains s'attardent jusqu'à novembre. Pendant cette période, on peut rencontrer les hérons cendrés dans les endroits fort éloignés de leur aire de nidification. Les premiers hérons reviennent sur leurs nids dès la fin du mois de février, mais la plus forte migration a lieu en mars et se prolonge parfois jusqu'en avril ou en mai.

Le héron cendré (1) est un échassier un peu plus petit que la cigogne. Son plumage est gris, avec la tête et le cou blancs. La tête est ornée d'une bande noire et d'une huppe occipitale dont les plumes noires se dressent sur la nuque. En vol, il tient le cou replié en forme de S (2), à l'instar des autres hérons, tels par exemple l'aigrette garzette (*Egretta garzetta*) (3), ce qui permet de le distinguer d'une cigogne (4) ou d'un flamant (5). Il n'y a que peu de différences entre la coloration du mâle et celle de la femelle ainsi qu'entre le plumage nuptial et hivernal.

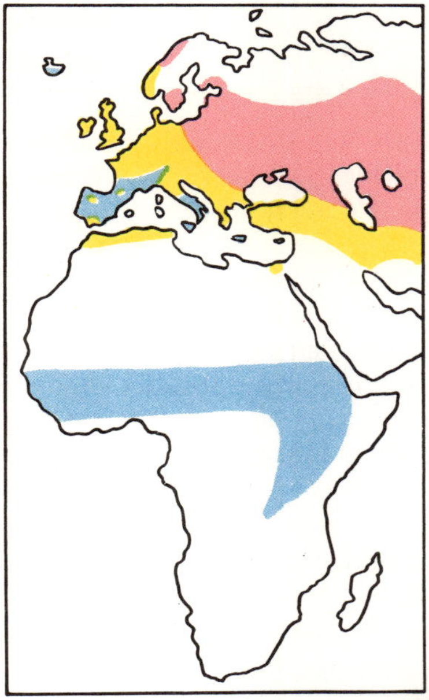

Le plumage des immatures a des tons plus bruns et l'iris de leurs yeux est blanchâtre, contrairement à celui des adultes qui est jaunâtre ou orangé. En vol, les hérons se font remarquer par des «kraaaik» rauques. Lors de leurs migrations, les populations d'Europe centrale se dirigent principalement vers le sud-ouest pour finir leur voyage dans la région méditerranéenne ou plus loin en Afrique.

Héron pourpré
Ardea purpurea

Ardéidés
Ardeidae

Le héron pourpré est un parent du héron cendré mais de taille plus modeste. C'est un oiseau essentiellement migrateur. Isolément, les hérons pourprés hivernent en Europe du Sud et du Sud-Est, mais la plupart des populations entament un long voyage, en septembre et en octobre, vers les régions qui s'étendent au sud du Sahara. Les hérons pourprés y rencontrent leurs congénères sédentaires, répandus dans presque toute l'Afrique. En Afrique, ils recherchent des terrains marécageux, couverts d'une riche végétation. Au Sénégal, on a pu observer des bandes comptant une centaine d'oiseaux dans les canaux des rizières envahis par les roseaux-massues.

Les hérons pourprés regagnent leur aire de nidification européenne en mars et en avril. Dès leur retour, les oiseaux adultes recherchent un endroit propice, dissimulé au plus profond des grandes roselières, pour y construire leur nid. Ce n'est pas un chef-d'œuvre d'architecture : il s'agit de tiges de roseaux entrecroisées, mêlées de quelques rameaux apportés. Il n'est donc pas étonnant que la construction progresse très rapidement. Les hérons pourprés ont l'habitude de nicher en colonies.

En Europe, les hérons pourprés nichent dans une aire qui s'étend au sud de la Tchécoslovaquie et des Pays-Bas. Ils se nourrissent surtout de poissons qu'ils pêchent dans l'eau peu profonde. En pêchant, ils déambulent lentement dans l'eau ou restent sur place, absolument immobiles. Au début, les adultes nourrissent les petits bec à bec; par la suite, ils se contentent de déposer la nourriture dans le nid où les héronneaux la prennent seuls. Après avoir quitté le nid, les jeunes errent longuement avant d'entreprendre la migration.

2

Le plumage du héron pourpré est entièrement dans les tons bruns ou roux (1). Il n'y a aucune différence entre le plumage du mâle et de la femelle. La gorge brun-rouge du héron pourpré porte des taches noires longitudinales. Son occiput et sa huppe sont également noirs.

Les immatures sont plus clairs et n'ont pas encore leur huppe occipitale. En vol (2), on arrive à distinguer du premier coup d'œil un héron pourpré d'un héron cendré grâce à son plumage plus foncé et à sa taille plus petite. Son cri, proche de celui du héron cendré, est plus aigu.

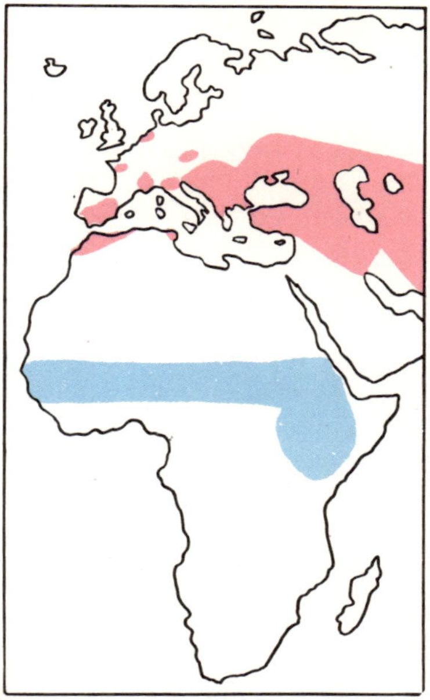

1

Cigogne noire
Ciconia nigra

Ciconiidés
Ciconiidae

La cigogne noire est un habitant caractéristique des forêts profondes. Elle apparaît à des altitudes relativement élevées; en Asie, elle peut monter jusqu'à 2 000 mètres d'altitude. Dans les paysages dégagés non boisés, on ne voit les cigognes noires qu'au moment de leur migration. Elles nichent dans une large bande qui traverse l'Eurasie. En Europe occidentale, elles peuplent uniquement la péninsule Ibérique. Au cours des dernières décennies, la cigogne noire a pénétré en Europe centrale.

Les populations eurasiennes de cigognes noires se composent exclusivement d'oiseaux migrateurs. A l'instar des cigognes blanches, leurs parents proches, les cigognes noires effectuent leur migration depuis la fin août jusqu'au début octobre, en suivant deux trajectoires distinctes. Les oiseaux qui nichent à l'ouest du Danemark traversent en général le détroit de Gibraltar, ceux qui nichent à l'est du Danemark se dirigent vers les régions orientales de la Méditerranée. Contrairement aux cigognes blanches, les cigognes noires ne volent pas en front étroit. Sur leurs lieux d'hivernage en Afrique équatoriale, elles évitent les forêts humides. Elles y rencontrent parfois leurs congénères qui nichent en Afrique australe et qui migrent vers le nord.

Vers la fin du mois de mars et en avril, les cigognes noires retournent sur leur lieu de nidification. Pendant la parade, elles tournoient longuement au-dessus de leur nid. La plupart des nids sont placés dans les arbres, mais on en trouve aussi sur les rochers et au sol. Les poissons prédominent dans leur régime alimentaire; dans la montagne, ce sont surtout des truites. Les cigognes noires les pêchent habilement en se mettant à l'affût ou en explorant méthodiquement les berges creuses des cours d'eau ou les interstices entre les pierres.

2

La cigogne noire ressemble à la cigogne blanche par sa taille et par sa silhouette. Elle vole (2) et plane aussi de manière identique. En dépit de ces ressemblances, il est impossible de confondre les deux espèces. La cigogne noire est, effectivement, entièrement noire, hormis son ventre qui est blanc (1). Le bec, le tour des yeux et les pattes des oiseaux adultes sont d'un rouge soutenu.

Les immatures ont les pattes et le bec gris-vert. Ils se distinguent des cigognes blanches par leurs cou et plastron noirs ainsi que par une surface noire beaucoup plus grande sur la face interne des ailes. Contrairement à la cigogne blanche, la cigogne noire fait rarement claquer son bec, mais émet des bruits qui ressemblent à des soufflements ou à des grognements.

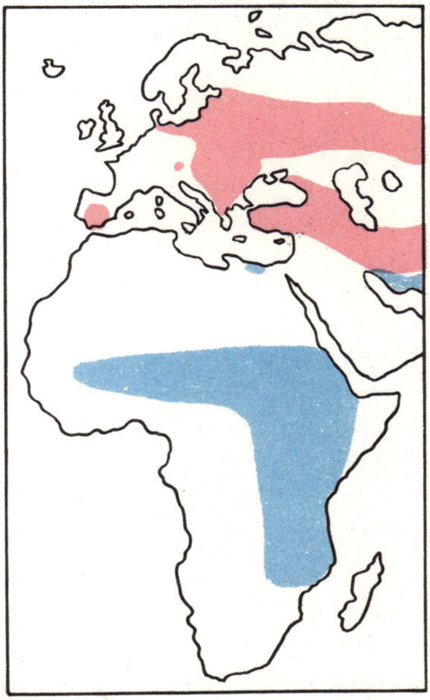

1

Cigogne blanche Ciconiidés
Ciconia ciconia *Ciconiidae*

La cigogne blanche est un oiseau généralement connu qui jouit d'une grande popularité. Depuis des temps immémoriaux, les hommes ont essayé d'attirer les cigognes afin qu'elles s'installent près de leurs habitations. A cet effet, ils fixaient sur les toits des maisons de vieilles roues de charrettes qui servaient de base à la construction du nid. Il s'avère que les cigognes blanches sont effectivement commensales de l'homme. Oiseaux des forêts et des rochers, les cigognes sont devenues des habituées des agglomérations humaines.

La cigogne blanche habite surtout l'Europe centrale et la péninsule Ibérique. Elle est aussi répandue, en moins grand nombre, en Afrique du Nord, en Asie Mineure et centrale. Elle recherche plus particulièrement les régions d'étangs et de marais, se nourrissant de petits animaux divers, surtout de batraciens et de rongeurs. C'est un oiseau migrateur caractéristique qui ne passe qu'exceptionnellement l'hiver sur ses lieux de nidification. Les migrations des cigognes blanches ont lieu en août et en septembre. Leur baguage assidu et systématique effectué depuis de longues années a révélé qu'en Europe les migrations des cigognes suivent deux trajectoires: les populations d'Europe occidentale traversent la France, l'Espagne et le détroit de Gibraltar en formation serrée. Au-dessus du continent africain, elles se déploient en un front large pour continuer leur voyage vers le sud. Les oiseaux d'Europe centrale et orientale migrent en Afrique australe, en survolant les Balkans et l'Asie Mineure, et en remontant le cours du Nil. Ils y arrivent en novembre ou en décembre pour y jouer un rôle déterminant contre la prolifération des criquets. En une journée, une cigogne blanche consomme jusqu'à 100 imagos et 900 larves de ces insectes nuisibles. Le mâle regagne le premier le nid, au mois d'avril, suivi quelques jours plus tard par la femelle.

La cigogne blanche est un grand oiseau qui ne passe pas inaperçu (2). Son plumage blanc contraste avec les rémiges noires et le bec et les pattes rouges (1). Les pattes et le bec des immatures sont d'abord roses, puis prennent une nuance de jaune par la suite. Il est très difficile de distinguer le mâle de la femelle. Généralement, le mâle est un peu plus grand. La gamme de bruits qu'une cigogne blanche émet se réduit aux sifflements et aux claquements de bec.

Avant qu'elles ne s'envolent vers l'Afrique, les cigognes blanches se rassemblent en Europe du Sud en bandes comptant plusieurs milliers d'individus. Lors de la migration, elles franchissent en moyenne 150 km par jour. On a pu compter 80 000 cigognes survolant le détroit de Gibraltar. Curieusement, lorsqu'elles survolent la mer, les cigognes volent juste quelques mètres au-dessus de l'eau.

2

1

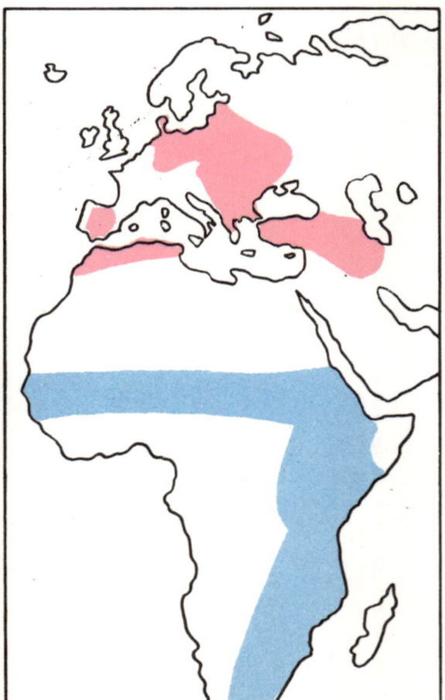

Oie cendrée

Anser anser

Anatidés

Anatidae

En Europe, l'oie cendrée ne peuple de manière continue que quelques régions en Scandinavie. Elle est peu courante en Europe centrale et orientale, et ne niche plus du tout aujourd'hui en Europe occidentale. C'est un oiseau migrateur sur la majeure partie de son aire d'extension et un important gibier à plume. L'oie cendrée est réputée pour sa vigilance, si bien que les chasseurs ont rarement l'occasion de l'approcher à portée de fusil. L'oie cendrée est la souche sauvage de l'oie domestique.

Les oies cendrées ne nichent que dans les régions de lacs et d'étangs dont le bord est garni de roseaux et de roseaux-massues. Elles apprécient la proximité des étendues herbeuses et des terres cultivées qui leur fournissent la nourriture en abondance. Les oies cendrées se nourrissent exclusivement de végétaux, surtout de feuilles de différentes plantes et herbes, aussi bien dans l'eau que sur la terre ferme. Sociables, elles nichent souvent en colonies dans la riche végétation du bord de l'eau, sur les îlots, exceptionnellement sur les saules têtards. Rigoureusement monogames, les oies cendrées vivent en couples qui, semble-t-il, restent unis toute leur vie.

En automne, les oies s'envolent en septembre et en octobre. En vol, elles atteignent la vitesse de 70 km/h. Leurs principaux lieux d'hivernage se situent en Europe occidentale, en Espagne, en Afrique du Nord (Maroc et Tunisie), dans les Balkans, en Asie Mineure et au bord de la mer Caspienne et de la mer Noire. En hiver, sept espèces d'oies, venues d'une région immense qui s'étend depuis le Groenland, à l'ouest, jusqu'à Terre-Neuve, à l'est, se rencontrent sur les îles Britanniques. Les oies cendrées regagnent leur territoire de nidification de février à mars.

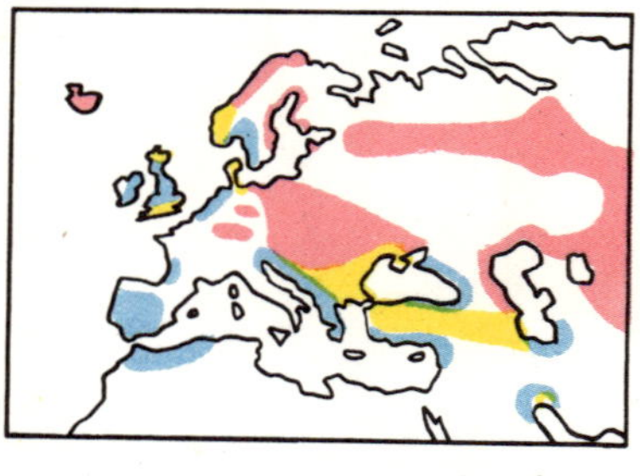

Le plumage des oies cendrées est brun-gris clair (1). Le jars ne diffère en rien de la femelle par sa coloration. Les oies cendrées se distinguent des autres espèces par leur bec fort, jaune-orange (race occidentale) ou rose-chair (race orientale), avec un onglet blanc. En vol (3), le bord antérieur de leurs ailes gris argenté est bien visible. Le vol des oies est majestueux et donne une impression de puissance. Les troupes adoptent souvent une formation en V (2).

La voix de l'oie cendrée ne diffère pas beaucoup de celle de l'oie domestique; elle est seulement un peu plus taciturne que sa parente élevée par l'homme. Ses cris les plus courants sont un cancanement nasal «gagaga » et des «a—hang» secs.

3

2

1

Canard chipeau
Anas strepera

Anatidés
Anatidae

Le canard chipeau est répandu sur la majeure partie de l'hémisphère Nord. En Europe, il habite l'Islande, la Grande-Bretagne, une partie de la Scandinavie, le littoral méridional de la mer du Nord, l'Europe centrale, l'Europe de l'Est et les Balkans. Les canards chipeaux sont migrateurs sur la majeure partie de leur aire de répartition; seules les populations d'une partie de l'Europe occidentale et du Sud-Est sont partiellement sédentaires, partiellement nomades. Les principaux lieux d'hivernage se trouvent dans les pourtours de la Méditerranée, plus sporadiquement en Europe occidentale, en Europe du Sud-Est et en Afrique du Nord-Est. Une autre vague de canards chipeaux, de moindre importance, pénètre jusqu'en Afrique Noire, au sud de l'équateur.

Le canard chipeau revient sur son territoire de ponte en mars et en avril. Pour nicher, il recherche des étangs peu profonds ou des cours d'eau lents dont les bords sont garnis d'une riche végétation. Il construit son nid dans un endroit sec, à même le sol, à proximité de l'eau, en prenant généralement soin de le dissimuler dans les hautes herbes. Une ponte compte 6 à 12 œufs, le plus souvent jaunâtres, gardés dans du duvet très foncé. Les canetons qui viennent d'éclore ressemblent d'une façon frappante aux petits du colvert. Ils atteignent la maturité sexuelle dès la première année; cependant, tous les jeunes canards d'un an ne se reproduisent pas. Les canards chipeaux migrent d'août à octobre.

La principale nourriture du canard chipeau se compose de jeunes pousses, de feuilles et de racines de différentes espèces de plantes aquatiques. En hiver, les graines deviennent un important élément de leur régime alimentaire, et peuvent parfois même prédominer.

3 ♂

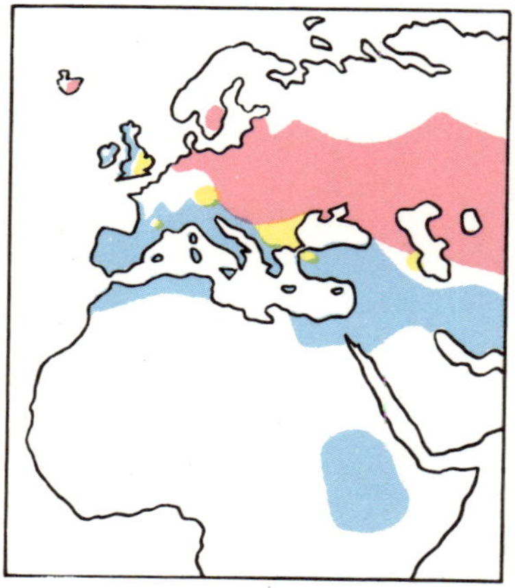

Les individus des deux sexes du canard chipeau ne sont pas sans ressemblance avec le mâle du colvert. On les reconnaît cependant à la tache brune et noire qui borde leur miroir alaire blanc, particulièrement visible en vol (3). En outre, le chipeau est nettement plus petit et plus gracile que le colvert. Contrairement à celui des autres canards, le plumage nuptial du mâle (1) n'a pas de couleurs chatoyantes. La coloration fondamentale est claire, sans contraste de couleurs. Sa tête est brunâtre, la partie supérieure de son dos et ses flancs sont gris. Il a une tache noire sus-caudale et sous-caudale et un bec bleu-gris. Le plumage de la cane est brunâtre (2), comme c'est toujours le cas chez les femelles de canards, et le bec marron.

Sarcelle d'hiver Anatidés
Anas crecca *Anatidae*

La sarcelle d'hiver semble un nain à côté des autres canards européens, atteignant à peine la taille et le poids d'une perdrix. Ce petit canard recherche des eaux stagnantes avec une végétation dense, nichant plus particulièrement au bord de petits plans d'eau entourés de terrains marécageux et de prés. En Europe, son aire de répartition s'étend sur l'Islande, la Grande-Bretagne, la France et la Scandinavie vers l'est. La sarcelle d'hiver est un oiseau essentiellement migrateur. Les seules populations de sarcelles qui restent sédentaires sont celles d'Europe méridionale et occidentale. Leurs principaux lieux d'hivernage se trouvent dans la région méditerranéenne (aussi bien dans sa partie européenne qu'africaine), en Asie Mineure et Antérieure et en Afrique orientale. Les Sarcelles d'hiver qui nichent en Scandinavie et dans le nord-ouest de l'Union soviétique hivernent en Italie, dans le sud et l'ouest de la France et en Espagne. La plupart des populations du littoral de la Baltique et de l'Islande s'envolent vers les îles Britanniques. Dès le mois de février, des couples commencent à se former au sein des immenses bandes de sarcelles, encore sur les lieux d'hivernage. Les oiseaux réapparaissent dans leur aire de nidification aussitôt après la fonte des glaces.

Les sarcelles d'hiver ont une alimentation aussi bien végétale qu'animale, avec une prédominance du composant végétal. Elles aiment chercher leur nourriture dans l'eau profonde. En automne, on les voit souvent sur la vase des étangs vidés. Elles s'envolent pour l'hiver, le plus souvent entre septembre et octobre, mais certaines s'attardent jusqu'au premier gel.

Le mâle de la sarcelle d'hiver, revêtu de son plumage nuptial (1), est d'une élégance quelque peu tapageuse. Sa tête brun-rouge est rehaussée d'une bande d'un vert métallique bordée de jaune qui lui barre l'œil. Son corps gris est constellé de taches plus ou moins sombres. Un signe permet de distinguer la sarcelle d'hiver des autres espèces d'une façon infaillible: la tache jaune sous-caudale et le miroir alaire vert et blanc qui apparaît mieux en vol (3). Le miroir alaire est le seul trait commun que le mâle, haut en couleur, partage avec la cane, au plumage d'un marron discret (2). Toutefois, revêtu de son plumage d'éclipse, il lui ressemble énormément. Au moment de la parade nuptiale, il émet des «ccrick ccrick» mélodieux. Les sarcelles d'hiver sont réputées pour la maestria de leur vol. Non contentes de voler à une vitesse qui peut atteindre 100 km/h, elles aiment zigzaguer de temps à autre.

Canard colvert — Anatidés
Anas platyrhynchos — *Anatidae*

Le canard colvert habite pratiquement tout l'hémisphère Nord, hormis les régions les plus septentrionales et méridionales. Ses populations européennes ne sont que partiellement migratrices. Plus on pénètre vers le sud et l'ouest, plus elles sont sédentaires. Une partie des colverts passe l'hiver en Éthiopie, au Kenya, en Ouganda, en Arabie et en Asie Antérieure; toutefois, la plupart des populations finlandaises, scandinaves, soviétiques, hollandaises, allemandes, polonaises et islandaises hivernent en Grande-Bretagne, en compagnie des sarcelles d'hiver (*Anas crecca*) et des canards siffleurs (*Anas penelope*). Les colverts d'Europe centrale migrent, entre les mois d'août et de novembre, en Italie du Nord et en France pour revenir sur leur territoire de ponte, déjà partagés en couples, en mars et en avril. Les colverts s'accommodent des eaux stagnantes aussi bien que des cours d'eau de tous genres. Actuellement, on rencontre même des populations «citadines» qui vivent pendant toute l'année dans des grandes villes et vont jusqu'à s'y reproduire. On rencontre les plus fortes concentrations de colverts dans les plaines aux eaux plus chaudes où ils trouvent de la nourriture en abondance. Ils ont une alimentation carnée ainsi que végétale, composée de plantes diverses et de graines. La proportion de l'élément animal et végétal varie au cours de l'année.

Le canard colvert est un gibier à plume de première importance qu'on chasse massivement lors de ses migrations automnales. Dans un passé lointain, on a domestiqué le canard colvert qui est devenu la souche de toute une série de races, élevées pour leur chair ou pour leurs œufs.

2 ♂

Le plumage nuptial du mâle (1,2) est extrêmement décoratif. Sa tête d'un vert métallique est séparée de la gorge marron par une bande blanche. Son corps est gris ou brun-gris, les rectrices centrales de sa queue rebiquent de façon caractéristique. Son miroir bleu aux reflets métalliques est bordé de bandes blanches et noires. C'est le seul attribut que le mâle et la femelle ont en commun, cette dernière étant, par ailleurs, d'un brun neutre constellé de taches (3). La livrée de la femelle est la même que le plumage d'éclipse du mâle. En dehors de la période de nidification, les colverts nichent en couples ou en bandes. Lors de leurs migrations, ils volent en formation irrégulière.

Leur vol est rapide: les colverts peuvent atteindre une vitesse de 100 km/h. Leur voix ressemble à celle du canard domestique: les femelles cancanent, les mâles font entendre, en sourdine, des «reb reb».

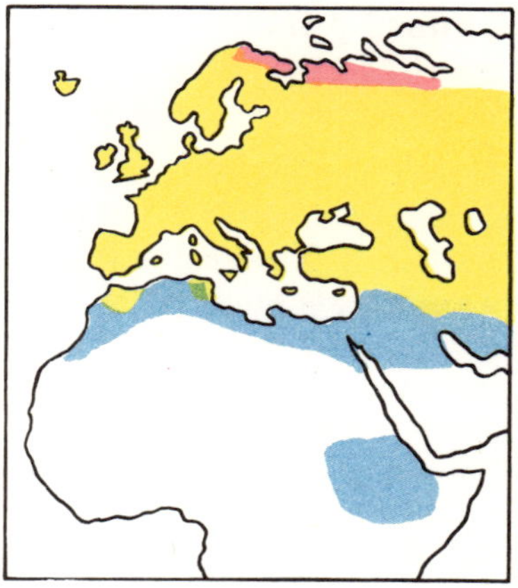

3 ♀

1 ♂

Canard pilet — Anatidés
Anas acuta — *Anatidae*

L'aire de nidification du canard pilet occupe un territoire immense qui englobe l'Eurasie et l'Amérique du Nord. En Europe, il habite l'Islande, l'Écosse, la Scandinavie, le Danemark, les Pays-Bas, le nord de l'Allemagne, la Pologne, la Finlande, la partie septentrionale de l'Europe orientale, et apparaît sporadiquement en Europe centrale. Les populations de pilets sont migratrices sur la majeure partie de leur territoire de répartition, l'unique population sédentaire habitant le nord-ouest de l'Europe. Les principaux lieux d'hivernage des pilets se situent sur le littoral de l'océan Atlantique, surtout en Angleterre et en Irlande, et également dans le nord de la France et aux Pays-Bas. Une minorité hiverne dans la région méditerranéenne et de la mer Noire, en Afrique du Nord, en Afrique équatoriale, en Asie Mineure et Antérieure. Lors de leurs migrations, les pilets survolent le plus souvent la mer. La plupart des populations européennes empruntent un itinéraire qui longe la côte de la Baltique et de la mer du Nord pour se rendre en Europe occidentale, alors que celles de la Sibérie occidentale hivernent dans la vallée du Nil supérieur où ils deviennent les canards les plus communs pendant cette période. On a relevé que leur vitesse de vol atteignait 81 km/h. Les pilets hivernent de préférence dans les baies tranquilles ou sur des grands lacs où ils se regroupent en bandes immenses. Dans le delta du Sénégal, par exemple, on a recensé certains hivers jusqu'à 80 000 pilets.

Pendant la période de nidification, les canards pilets recherchent des plans d'eau à la végétation riche. Ils affectionnent tout particulièrement de vastes étendues d'eau qui leur garantissent une bonne visibilité. Ils bâtissent le nid à même le sol, parfois à plusieurs dizaines de mètres de l'eau. Les pilets ont une alimentation aussi bien animale que végétale. Selon certains chercheurs, chez les populations nordiques l'élément animal prédomine tandis que chez celles du sud, le composant végétal est plus important.

Le canard pilet est plus petit et plus gracieux que le colvert. Son cou et ses longues rectrices sont caractéristiques, ces dernières étant particulièrement bien développées chez le mâle (1, 3). Celui-ci se reconnaît en outre à sa tête d'une belle teinte brune, à son cou blanc orné de deux bandes blanches qui se prolongent sur les côtés de la tête, et à son corps gris. Les canes (2, 4) sont d'un brun uniforme. Elles ont, comme les mâles, les rectrices allongées, le bec gris et un discret miroir brun avec des rayures blanches. La livrée des immatures et le plumage d'éclipse du mâle ressemblent beaucoup à celui de la femelle.

Les pilets sont des canards silencieux. Les mâles lancent, surtout pendant la parade nuptiale, des sifflements atténués; les canes, elles, émettent des sons gutturaux graves.

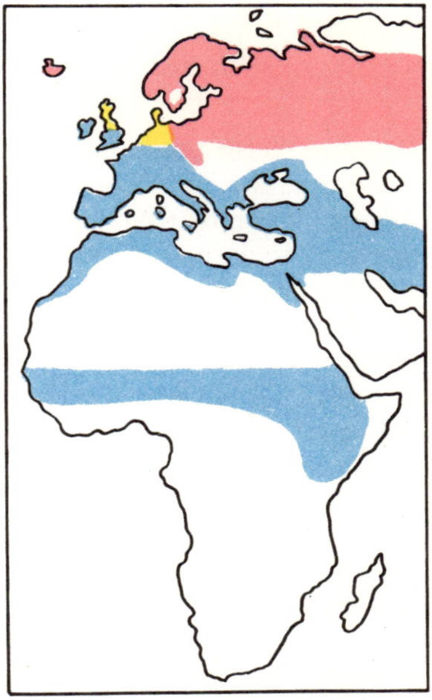

1 ♂

2 ♀

Sarcelle d'été Anatidés
Anas querquedula *Anatidae*

La sarcelle d'été est un petit canard gracieux qui niche en Europe et en Asie. En Europe, elle évite cependant la péninsule Ibérique, l'Italie centrale et méridionale, certaines régions de Grande-Bretagne, la majeure partie de la Scandinavie et le nord de l'Europe de l'Est. La sarcelle d'été peuple indifféremment les grands plans d'eau et les cours d'eau lents, à condition que leurs rives soient garnies d'une végétation abondante. Elle apparaît rarement à des altitudes élevées, les plaines et les collines étant son écosystème de prédilection. C'est un oiseau exclusivement migrateur. Certaines de ses populations se dirigent vers l'Asie du Sud, mais la plupart migrent en Afrique équatoriale, entre les mois d'août et d'octobre. Les oiseaux se concentrent dans certains endroits si bien qu'ils représentent une sérieuse menace pour les rizières. En outre, les sarcelles d'été hivernent individuellement en Europe occidentale et, un peu plus souvent, dans la région méditerranéenne. Elles regagnent leur territoire de ponte en mars et en avril, le plus souvent par couples préalablement constitués, pour y construire leur nid dans un endroit sec entouré de végétation. La cane couve en permanence dès la ponte du dernier œuf et prend soin des canetons seule, à l'instar des autres espèces de canards. Les jeunes sont capables de voleter au bout d'un mois et, dès le mois de juillet, de se regrouper en petites bandes. Les sarcelles d'été atteignent la maturité sexuelle à l'âge d'un an, mais de manière générale elles ne nichent pas au cours de la première année, vivant en dehors des territoires de ponte.

3 ♂

La sarcelle d'été est un petit canard de la taille d'un pigeon. Le mâle revêtu de sa livrée nuptiale se reconnaît à sa tête brune rehaussée d'un gros sourcil blanc (1), à son manteau gris-blanc et à ses flancs blanchâtres qui contrastent avec sa poitrine brun sombre. En vol (3), le bord antérieur bleu-gris et le dessus des ailes sont bien apparents. Les miroirs alaires d'un vert métallique sont également bien visibles à cette occasion. Le plumage de la femelle (2) est d'un brun discret. On la distingue d'emblée des autres canes à son sourcil clair et à son miroir spécifique.

Le mâle fait entendre un bruit sec et prolongé qu'on pourrait transcrire par «rrrreb». La cane lance des «kneck» faibles.

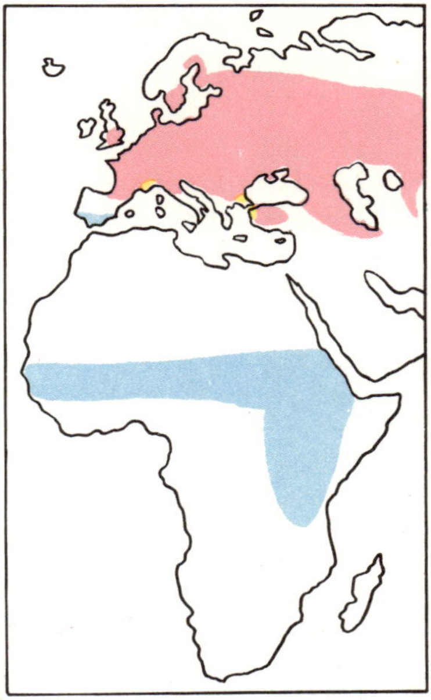

2 ♀

1 ♂

Canard souchet Anatidés
Anas clypeata *Anatidae*

Le canard souchet habite de vastes étendues en Eurasie et en Amérique du Nord. En Europe, son aire de nidification couvre l'Islande, la Grande-Bretagne et la France et s'étend vers l'est. Il n'apparaît pas dans le nord, le sud-ouest et le sud de l'Europe. Le souchet affectionne de vastes réservoirs d'eau peu profonde, aux rives garnies de la végétation caractéristique de marécages qui se transforment, peu à peu, en prés humides. Le régime alimentaire du souchet comporte approximativement deux tiers de composants végétaux et un tiers de composants animaux, principalement du plancton. A l'aide de son bec en forme de spatule, le souchet filtre littéralement l'eau et la vase. A l'instar des autres canards, il se nourrit surtout le soir. Le plus souvent, il bâtit son nid à proximité de l'eau, dans une touffe de hautes herbes.

Le canard souchet fait partie des espèces de canards essentiellement migratrices; les populations de Grande-Bretagne, du littoral occidental de l'Europe et de la région de la mer Noire font cependant exception. Les souchets quittent leur aire de nidification d'août à octobre pour hiverner dans la région méditerranéenne, aussi bien sur les côtes européenne qu'africaine, dans l'Atlas, en Asie Mineure et au Proche-Orient. Une partie des souchets pénètre jusqu'en Afrique équatoriale. On en a recensé quelque 10 000 sur le lac Tchad; dans le delta du Sénégal, on les compte chaque année par milliers. Dans leurs quartiers d'hiver, les souchets recherchent des plans d'eau peu profonde et non gelée, des rizières, mais abondent aussi sur le littoral. Ils regagnent leur territoire de ponte de mars à mai, par couples constitués avant la migration.

3 ♂

Le canard souchet mâle (1) est un oiseau très gracieux. Tout son corps est une mosaïque de couleurs vives. Sa tête verte aux reflets métalliques est assortie d'une gorge blanche, de flancs et d'un ventre roux foncé. Cette profusion de couleurs se poursuit par une plage bleu ciel sur les ailes, par la queue noire et par les pattes rouge carmin. Lorsqu'il est revêtu de son plumage d'éclipse, le mâle ne diffère en rien de la cane qui reste brune pendant toute l'année (2). En vol (3), le miroir

alaire caractéristique des mâles et des femelles, composé d'une bande verte et blanche, et le bord antérieur bleu-gris des ailes sont bien visibles. Excellent signe distinctif, leur bec insolite en forme de spatule (4) est un organe parfaitement adapté au filtrage de la vase et de l'eau trouble.

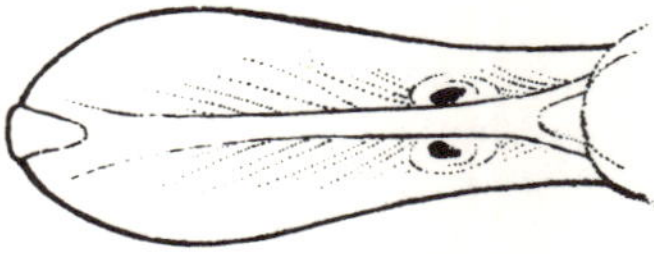

4

1 ♂

2 ♀

Fuligule milouin Anatidés
Aythya ferina *Anatidae*

Le fuligule milouin est un canard plongeur par excellence. Il habite surtout les réservoirs et les plans d'eau douce de toutes sortes, aux bords couverts de végétation et riches en végétaux aquatiques dont il se nourrit. Toutefois, le fuligule milouin n'est pas exclusivement végétarien. Pendant les migrations et en hiver, l'élément carné devient important et même prédominant dans son régime alimentaire. Il s'agit surtout de mollusques, de crustacés, d'insectes aquatiques et de leurs larves et, à l'occasion, de petits poissons. Le fuligule plonge pour pêcher sa nourriture, restant sous l'eau dans la plupart des cas pendant 15 secondes environ. Le plus souvent, il plonge à 1 mètre de profondeur, mais on a pu l'observer à une profondeur de 4 mètres.

L'aire de nidification des fuligules milouins s'étend depuis la Grande-Bretagne et l'Europe centrale jusqu'en Asie centrale; ces oiseaux n'apparaissant pas en Europe du Nord, du Sud-Ouest et du Sud. Leurs populations sont migratrices sur la majeure partie de leur aire de répartition, à l'exception de sa partie méridionale et occidentale où les hivers sont doux à cause de l'influence de l'océán Atlantique. La plupart des populations migratrices des fuligules milouins se dirige vers le littoral de l'Atlantique, surtout vers la Grande-Bretagne, le nord de la France, les Pays-Bas et le Danemark pour y passer l'hiver. Une minorité migre dans la région méditerranéenne, en Iran, en Irak, au bord de la mer Noire et de la mer Caspienne, ainsi qu'en Afrique équatoriale. Sur leurs lieux d'hivernage, les fuligules milouins recherchent autant les étendues que les cours d'eau d'arrière-pays qui ne gèlent pas. Ils regagnent leurs territoires de ponte en mars et en avril. Une fois arrivés sur place, les couples qui se sont formés pendant l'hiver se détachent de la bande.

3 ♂

Le fuligule milouin mâle, revêtu de son plumage nuptial (1), diffère nettement de la femelle. A cette époque, sa tête et sa gorge sont marron-roux, sa poitrine et sa queue sont noires, le dessus de son corps est gris et son dessous gris clair est parcouru de fines rayures transversales. Son bec est gris-bleu. La livrée de la femelle (2) et le plumage d'éclipse du mâle sont brun foncé; les flancs, la poitrine et le manteau sont plus clairs.

Pour prendre leur envol, les fuligules milouins doivent courir sur l'eau. A cette occasion, les femelles font entendre des «kharr-kharr» enroués et les mâles des sifflements doux. Leur vol rectiligne est rapide. Le battement de leurs ailes est l'accompagnement sonore des sifflements produits par les rémiges. Leurs ailes portent une bande gris-blanc (3).

2 ♀

1 ♂

Fuligule morillon Anatidés
Aythya fuligula *Anatidae*

Le fuligule morillon est un canard caractéristique des régions septentrionales et répandu depuis l'Islande, la Grande-Bretagne et l'Europe centrale jusqu'à l'Extrême Orient. Depuis le siècle dernier, on a constaté, sur la limite occidentale de son aire de répartition, une lente expansion de ses populations vers le sud. Actuellement, la limite méridionale de cette aire se situe en R.F.A., en Tchécoslovaquie et en Ukraine. Les fuligules morillons quittent leur territoire de nidification entre août et novembre pour leurs quartiers d'hiver. Les populations qui nichent en Scandinavie, en Islande, dans le nord-est de l'Europe, en Sibérie occidentale, et une partie des oiseaux de l'est de l'Europe, migrent dans les régions situées dans l'ouest et le nord-ouest de l'Europe où les hivers sont doux grâce à l'influence de l'océan Atlantique. D'autres lieux d'hivernage se trouvent au bord de la Méditerranée, dans la vallée du Nil, en Iran, en Irak et dans le sud de l'Asie. Pendant la migration, on peut observer les fuligules morillons sur les plans et sur les cours d'eau de l'arrière-pays.

Les fuligules morillons regagnent leur territoire de ponte entre les mois de mars et de mai. Ils recherchent des eaux stagnantes ou des cours d'eau lents aux bords garnis de végétation. Ils ont une alimentation essentiellement carnée dans laquelle prédominent les mollusques et les larves d'insectes aquatiques sans dédaigner, à l'occasion, de petits poissons. A l'instar du fuligule milouin, le fuligule morillon profite de la nourriture qu'on distribue aux canards domestiques élevés sur les étangs. Pour se nourrir, il plonge à 1 ou 2 mètres de profondeur, pouvant rester sous l'eau près d'une demi-minute.

A l'origine canards des régions septentrionales, les fuligules morillons nichent tard en Europe centrale, vers la fin du mois de mai et en juin. Ils construisent leurs nids dans la végétation du bord de l'eau.

5

4 ♂

Le fuligule morillon a la taille d'un petit colvert. Il n'a pas cette livrée haute en couleur propre à une certaine catégorie de canards. Le mâle revêtu du plumage nuptial (1, 4) se reconnaît à sa tête d'un noir profond, surmontée d'une huppe bien apparente (1). Sa gorge, son cou et sa queue sont également noirs. Les parties noires du corps contrastent singulièrement avec le ventre et les flancs d'un blanc neigeux. Même à distance, on aperçoit son iris jaune soufre. La cane (2) est brun sombre avec une huppe à peine ébauchée. On remarque une petite tache blanche à la base de son bec. Le mâle revêtu

de son plumage hivernal ressemble beaucoup à la femelle. Pendant cette période, on peut confondre les deux sexes avec le fuligule nyroca (*Aythya nyroca*) (3, 5).

Une bande blanche alaire est bien visible en vol. En s'envolant, les canes poussent un «karrr» désagréable. La voix du mâle est rauque elle aussi.

Garrot à œil d'or *Bucephala clangula*

Anatidés *Anatidae*

Le garrot à œil d'or habite l'Eurasie et l'Amérique du Nord. En Europe, il apparaît sur la péninsule scandinave, à l'exception de sa partie méridionale, en Finlande et dans les régions septentrionales de l'Union soviétique. Des centres de nidification isolés existent en R.D.A. dans la région du Mecklembourg, située en bordure de la Baltique, en Lusace, en Bohême du Sud, dans le nord de la Moravie et en Pologne du Nord. Pour nicher, les garrots à œil d'or choisissent des réservoirs d'eau douce; de vieux arbres dont les troncs comportent une cavité adéquate doivent pousser à proximité pour que les garrots puissent y nicher. Ils préfèrent les cavités situées assez haut et s'accommodent très bien des nichoirs spéciaux suspendus. Nidifuges, les canetons grimpent en s'aidant de leurs griffes jusqu'à l'entrée du nid dès le lendemain de l'éclosion pour sauter au sol où leur mère les appelle, sans se faire aucun mal lors de ce saut de cascadeur. Ils savent d'emblée plonger à perfection, pouvant tenir sous l'eau pendant deux minutes environ. Les jeunes garrots n'atteignent la maturité sexuelle qu'au cours de la deuxième année de leur vie. Leur menu se compose presque exclusivement d'invertébrés aquatiques divers, surtout de mollusques et d'insectes.

Les garrots à œil d'or sont migrateurs sur la majeure partie de leur aire de répartition. Une partie des populations scandinaves et finlandaises passe l'hiver dans la région de la mer du Nord et dans la partie occidentale de la Baltique; toutefois, un grand nombre de garrots s'envolent, de septembre à novembre, en direction du sud-ouest vers la Méditerranée et vers la mer Noire pour constituer dans leurs lieux d'hivernage des bandes comptant plusieurs centaines — voire plusieurs milliers — d'individus.

2 ♀

Les garrots à œil d'or sont des représentants typiques des canards plongeurs. Ils nagent profondément immergés dans l'eau et plongent à la perfection. Tout en étant un peu plus petits que les colverts, leur poids approche le kilo. On remarque leur tête ronde relativement grande.

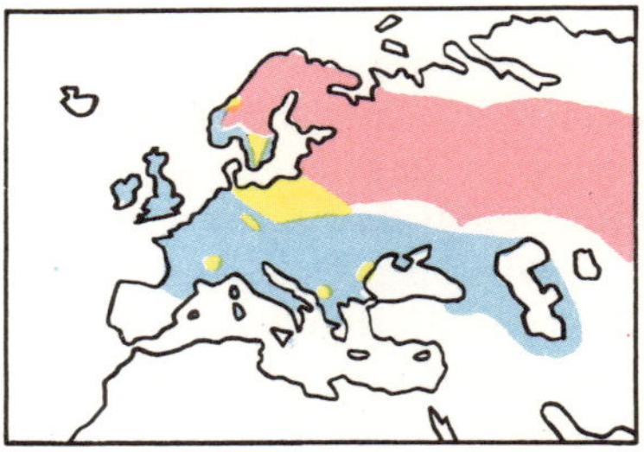

Les mâles revêtus de leur plumage nuptial (1) ont une tête noire avec des reflets verts métalliques et des taches d'un blanc éclatant sur les joues. Des taches et des plages noires et blanches alternent sur leur corps. Les femelles (2), les immatures et les mâles en livrée d'éclipse sont plus discrets. Leur tête chocolat est séparée du reste du corps brun-gris par une bande blanche étroite sur le cou. En vol, accompagné d'un bruissement de leurs rémiges, les garrots battent fortement des ailes dont la face supérieure porte des plages blanches bien apparentes (3, 4). Leur cri est désagréable : les mâles lancent des «krra» rauques tandis que les femelles émettent un «karrr» roulé.

1 ♂

Harle bièvre Anatidés
Mergus merganser *Anatidae*

Le harle bièvre fait partie de la famille des harles qui compte, en Europe, trois espèces. Hormis la région septentrionale d'Eurasie, il habite également l'Amérique du Nord et les lacs de haute montagne en Asie. En Europe, il niche en Islande, en Écosse, en Scandinavie, en Finlande, dans le nord de l'Allemagne et en Pologne. On a repéré une population isolée de harles bièvres dans les Alpes. Les harles bièvres regagnent leur territoire de ponte dès le mois de mars et en avril. Ils affectionnent les lacs limpides, les rivières et même les eaux côtières à proximité desquelles poussent des arbres au tronc creux dans lesquels ils nichent. S'ils ne trouvent pas un arbre creux adéquat, ils s'accommodent d'un trou dans le sol, d'une aspérité sous une pierre ou d'un nid de rapace abandonné. Ils sont exclusivement piscivores. Tout en préférant les petits poissons, ils s'attaquent à l'occasion à des poissons mesurant près de 25 cm de long. Ils pêchent en plongeant sous l'eau jusqu'à une profondeur de 4 mètres où ils peuvent s'attarder pendant 2 minutes.

Seules les populations septentrionales du harle bièvre sont migratrices; les autres sont erratiques ou sédentaires, restant fidèles, même pendant l'hiver, à leur territoire de nidification. Elles quittent l'aire de nidification par vagues successives, du mois d'octobre jusqu'aux premiers gels. Une partie des oiseaux choisit pour séjour d'hiver la côte sud-ouest de la Baltique ainsi que tout le littoral de l'Atlantique, où on peut également rencontrer des migrants venus du nord de la partie européenne de l'Union soviétique. Un grand nombre de harles hiverne aussi à l'intérieur des terres, sur les plans et cours d'eau qui ne gèlent pas, en Europe occidentale, centrale et du Sud-Est. Les harles bièvres ne migrent vers les régions méridionales que si le gel est particulièrement rigoureux.

3 ♂

Le harle bièvre mâle revêtu de son plumage nuptial (1) est très élégant. Le trait le plus marquant de sa physionomie est sa tête d'un vert métallique surmontée d'une courte huppe occipitale et dotée d'un long bec fin d'un rouge profond. L'ensemble contraste avec le cou clair, avec la gorge et le dessous du corps qui a, par endroits, des nuances rosées. Les

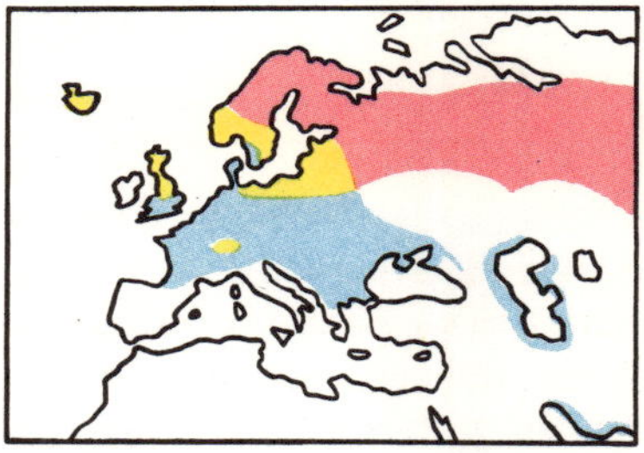

canes (2) et les mâles revêtus de la livrée d'éclipse ont la tête rousse avec une simple huppe occipitale, le cou roux et la gorge blanche. On peut confondre la cane du harle bièvre avec celle du harle huppé (*Mergus serrator*). Cette dernière, toutefois, porte une huppe double et est brune sur le dessous.

Lors de l'envol des harles bièvres, on distingue nettement les grandes plages blanches qui contrastent avec les rémiges noires sur le dessus de leurs ailes (3). Leur vol très rapide se caractérise par des battements d'ailes brefs. Les canes lancent des «karr kokok» enroués alors qu'on entend à peine les mâles.

Bondrée apivore
Pernis apivorus

Accipitridés
Accipitridae

La bondrée apivore est tributaire d'un paysage essentiellement boisé, dans lequel la forêt alterne avec des îlots de prés et des étendues herbeuses sauvages. Parmi les rapaces, elle occupe une place à part à cause de sa spécialisation alimentaire. En effet, la bondrée apivore se régale de guêpes, de bourdons et de leurs larves et préfère en général les insectes aux vertébrés. Elle déterre les nids de guêpes ou de bourdons à l'aide de ses pattes aux doigts courts terminés par des griffes plates. Son plumage épais la protège des piqûres d'insectes furieux, recouvrant même la peau entre l'œil et le bec.

La bondrée apivore est répandue dans presque toute l'Europe, à l'exception du sud de l'Italie, de l'Espagne et des régions les plus septentrionales. Elle quitte son territoire de nidification régulièrement d'août à septembre, pour pénétrer loin à l'intérieur du continent africain, au sud du Sahara. Au cours de la migration, la bondrée apivore choisit de préférence une courte trajectoire pour survoler la mer. Dans le Bosphore, on a compté en automne 9 000 bondrées, à Gibraltar 23 000 et sur la pointe méridionale de la Suède, près de Falsterbo, 20 000. On a repéré des bondrées baguées en Finlande, en Allemagne, en Suède et dans les principaux lieux d'hivernage de cette espèce qui se trouvent au Ghana, au Togo et au Cameroun. Même en Afrique, elles continuent à se nourrir de larves d'insectes hyménoptères qui vivent dans les nids souterrains. Les couples se forment probablement pendant le séjour d'hiver ou, au plus tard, au printemps, pendant la migration de retour. Les bondrées apivores regagnent leur territoire de ponte en avril ou en mai. Elles construisent les nids au faîte des arbres, à une hauteur de 18 mètres au-dessus du sol. Les bords du nid sont toujours garnis de rameaux fraîchement coupés.

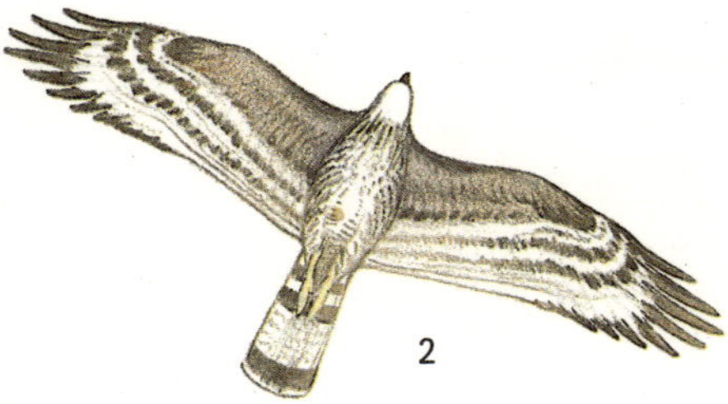

2

La bondrée apivore atteint la taille d'une buse variable. Son manteau est toujours brunâtre, mais son ventre peut être presque blanc ou brun foncé, parsemé de taches noires (1).

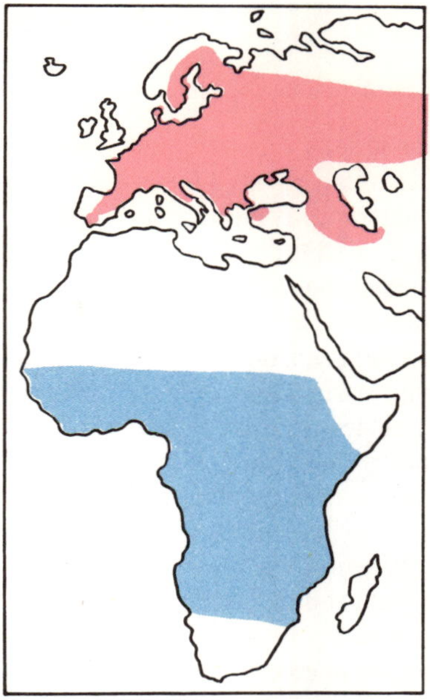

Souvent, sa tête est gris cendré et l'iris de son œil est jaune. En l'observant de près on constate qu'à la place des vibrisses, caractéristiques chez les rapaces, elle a entre l'œil et le bec de petites plumes plates. En vol, la bondrée apivore ressemble à la buse variable à ceci près que ses ailes sont plus étroites et que sa tête est plus petite et plus saillante. Le meilleur signe de reconnaissance visible en vol est le dessin caractéristique de sa queue : on peut observer une grande plage de séparation (2) entre deux bandes foncées proches de la base de la queue et une large bande terminale. La buse variable, par contre, se reconnaît aux rayures foncées régulières qui barrent sa queue.

1

Milan noir Accipitridés
Milvus migrans *Accipitridae*

Le milan noir est l'une des deux espèces de milans qui peuplent l'Ancien Monde. Contrairement à son parent proche, le milan royal (*Milvus milvus*), le milan noir habite une vaste aire qui s'étend sur plusieurs continents. En Europe, il est commun partout, à l'exception de l'Islande, de la Grande-Bretagne, de la Scandinavie et des régions septentrionales de l'Europe orientale. Il recherche des paysages boisés avec, toutefois, des espaces dégagés de champs et de prairies. Lac, étang ou rivière doivent se trouver à proximité car les milans noirs aiment chercher leur nourriture sur leurs berges. Ils ne se montrent pas très exigeants : on a constaté que les détritus et les charognes constituent la majeure partie de leur régime alimentaire. A proximité de l'eau, ils se nourrissent surtout de poisson, sans dédaigner pour autant les autres vertébrés, les œufs d'oiseaux et les insectes. Les milans noirs d'Europe sont migrateurs. Ils se rendent habituellement très tôt sur leurs lieux d'hivernage, s'envolant souvent dès la mi-août. L'orientation de l'axe migratoire des milans oscille entre le sud-ouest et le sud-est. Les populations d'Europe centrale et du Nord-Est sont celles qui respectent le mieux la direction du sud-est. Dans les environs de Bosphore, on peut observer de fortes concentrations de milans noirs qui y font escale lors de leur voyage. Leur principale aire d'hivernage se trouve en Afrique équatoriale et plus au sud, depuis le Sénégal et le Kenya jusqu'au sud-est de l'Afrique. On a pu observer des oiseaux isolés à Madagascar. En Afrique, au cours de leur séjour d'hiver, les milans noirs européens rencontrent leurs congénères qui nichent en Afrique. On enregistre en général le retour des milans sur leur territoire de ponte entre mars et avril.

Le milan noir ressemble beaucoup au milan royal. Par sa taille, il rappelle la buse variable mais, contrairement à cette dernière, sa queue est échancrée en demi-cercle (1). Néanmoins, comparée à celle du milan royal (3),

l'échancrure de sa queue est beaucoup moins profonde. Elle devient à peine visible quand la queue du milan noir est complètement étalée (2). La silhouette du milan noir est dans l'ensemble plus foncée que celle du milan royal. On le reconnaît aux grands cercles qu'il décrit en volant. Le milan noir est capable de collecter sa nourriture en vol, au ras de l'eau. Près de son nid, il lance des roulades qu'on peut transcrire par un «hiu uuuu».

1

Busard des roseaux Accipitridés
Circus aeruginosus *Accipitridae*

L'aire de répartition du busard des roseaux occupe d'immenses étendues en Europe, en Asie, en Australie, dans le nord et le sud de l'Afrique et à Madagascar. En Europe, il niche presque partout, à l'exception de la Grande-Bretagne et du nord du continent. Pendant la période de nidification, il s'installe dans les grandes roselières des étangs et des lacs, construisant son nid sur les amas de tiges de roseaux de l'année précédente. Il arrive parfois que les busards nichent dans un champ de blé, mais il s'agit alors presque toujours d'une seconde ponte. En effet, lorsque la femelle pond pour la première fois à la mi-avril, le jeune blé est encore trop bas pour pouvoir lui garantir un abri sûr. Les busards des roseaux chassent surtout dans les roselières au bord des étangs et sur les prés et les champs attenants. Ils font leur proie de menus mammifères, d'oiseaux et, en moindre quantité, de poissons et d'insectes.

Les busards des roseaux de la région méditerranéenne et du sud-ouest de l'Europe sont sédentaires ou erratiques, ceux du nord de leur aire de répartition, par contre, sont migrateurs. Ils quittent leur territoire de ponte les uns après les autres entre août et septembre pour migrer en adoptant une formation large vers la Méditerranée ou jusqu'en Afrique équatoriale. Là, on les rencontre dans les rizières où ils chassent les oiseaux aquatiques, ou bien sur d'autres terres cultivées. Les busards ne regagnent leur territoire de ponte que vers la fin du mois de mars et au début d'avril. Ils se font remarquer tout de suite par une parade nuptiale bruyante, accompagnée de jeux aériens et de manifestations sonores caractéristiques.

Comme les autres busards, le busard des roseaux fait partie de ces rapaces chez lesquels le dimorphisme sexuel est très marqué au niveau de la coloration du plumage. La coloration fondamentale du mâle adulte (1) est brun foncé, sa tête et sa gorge sont plus claires. Ses ailes et sa queue portent des taches grises caractéristiques. Les femelles (2) et les immatures ont tout le corps brun foncé, seuls le sommet du crâne et la nuque sont brun-jaune.

En chassant, les busards des roseaux volent bas et lentement en quadrillant leur terrain de chasse, à l'instar des autres busards (*Circus*). Cependant, ils planent souvent en décrivant de grands cercles. Ils se font entendre uniquement à la saison des nids par des «kvoui — e» bisyllabiques ou par des cris d'alarme «kikekike . . .».

Busard cendré
Circus pygargus

Accipitridés
Accipitridae

Le busard cendré est un rapace fin et racé qui recherche les paysages dégagés aux prés humides ou détrempés. On peut également l'apercevoir en plaine, à proximité de grands étangs ou au-dessus des prairies, le long des rivières. Il guette sa proie en volant lentement et bas et, de temps en temps, bifurque brusquement pour se précipiter sur un mulot ou sur un oiseau qui se repose. Toutefois, le busard cendré n'est pas un habile chasseur et seul un petit nombre de ses attaques sont couronnées de succès. Dans la plupart des cas, il réussit à capturer un petit mammifère plutôt qu'un oiseau, un batracien ou un insecte.

L'aire de nidification du busard cendré occupe presque toute la superficie de l'Europe (hormis ses régions septentrionales et méridionales), l'Afrique du Nord et une partie de l'Asie. Il est migrateur sur tout son territoire de répartition, quittant son nid vers la fin d'août et au début de septembre. En règle générale, les populations européennes s'envolent en direction du sud ou du sud-ouest. Au-dessus du détroit de Gibraltar, on a compté, en 1972, 1 700 busards cendrés qui le survolaient. Exceptionnellement, ces oiseaux hivernent dans la région méditerranéenne, mais le plus souvent, ils pénètrent jusqu'en Afrique équatoriale et en Afrique du Sud.

Les busards cendrés reviennent sur leur territoire de ponte en avril et en mai. Dès son retour, le couple exécute sa danse nuptiale. Les deux oiseaux montent haut dans le ciel en décrivant des cercles. Le mâle pique tête la première sur la femelle qui se retourne en plein vol comme un éclair pour lui faire face en lui présentant ses serres. Les deux oiseaux bâtissent leur nid au sol, dans l'herbe.

Le busard cendré est plus petit et plus agile que la buse variable. Il ressemble à s'y méprendre au busard pâle (*Circus macrourus*) et au busard Saint-Martin (*C. cyaneus*). Ses ailes sont longues et étroites (3, 4). Le manteau et la gorge grise du mâle adulte (1) sont plus foncés que ceux des espèces précédentes. Le dessous des ailes et le ventre sont parsemés de petites taches rousses

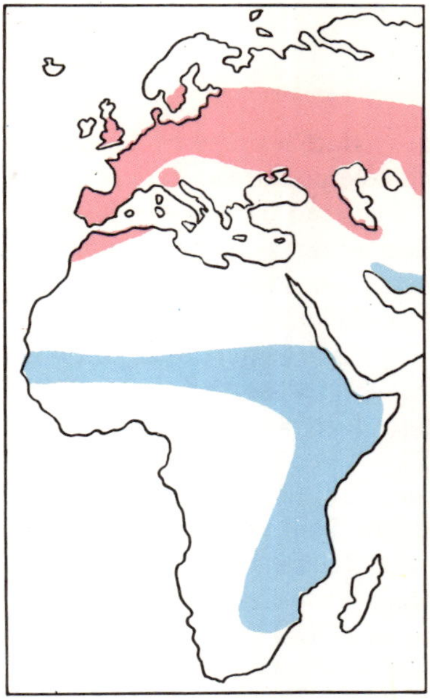

longitudinales. Les immatures de plus d'un an ont de surcroît une bande noire longitudinale sur l'aile. Les femelles (2) et les immatures sont bruns sur le dessus, jaunâtres sur le dessous qui est strié de taches longitudinales. A l'instar des autres busards, le mâle et la femelle du busard cendré portent une «voilette» composée de petites plumes rigides qui, disposées en cercle, entourent leurs yeux et leur prêtent une ressemblance avec les hiboux. Le plus souvent, les busards cendrés se manifestent à la saison des nids, en lançant des «ké ké ké ké» sonores.

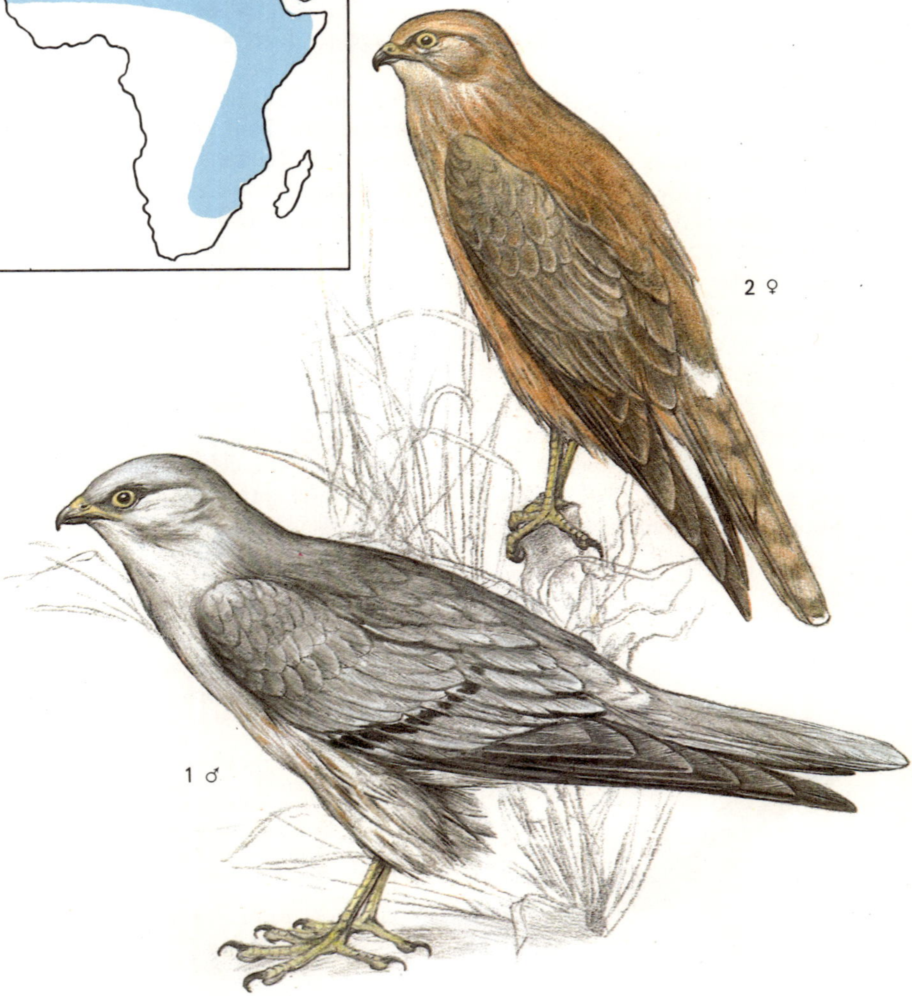

Faucon kobez | Falconidés
Falco vespertinus | *Falconidae*

Le faucon kobez est une espèce eurasienne qui habite les régions de steppes tempérées depuis le moyen Danube jusqu'à la côte de l'océan Pacifique. Au sud, son aire de répartition est délimitée par la côte nord de la mer Noire et de la mer Caspienne. Le faucon kobez a développé, sur ce territoire immense, deux races géographiques. Certains ornithologues considèrent la sous-espèce orientale qui peuple la région qui s'étend du lac Baïkal vers le sud jusqu'à la Corée et la Chine du Nord, comme une espèce à part entière. Quoi qu'il en soit, ces oiseaux migrent pour l'hiver jusqu'en Afrique du Sud, à l'instar de leurs parents occidentaux. Lors de ce voyage, ils doivent survoler deux continents.

Les populations européennes du faucon kobez quittent leur aire de nidification vers la fin du mois d'août et en septembre. Pour atteindre les centres d'hivernage situés en Afrique, elles traversent les Balkans et l'Asie Mineure. En avril et en mai, les oiseaux reviennent sur leur territoire de ponte. Les faucons kobez vivent dans la steppe boisée ou cultivée et ils n'apparaissent qu'exceptionnellement en montagne. Le faucon kobez bâtit son nid dans les arbres. Oiseau sociable, il niche souvent en colonie, fréquemment aussi en compagnie des colonies de corbeaux. En Hongrie, on a pu compter dans une colonie une centaine de nids. Cependant, les faucons kobez qui nichent en couple ne sont pas un phénomène isolé.

Le régime alimentaire des faucons kobez se compose surtout de grands insectes tels que les sauterelles, les coléoptères ou les papillons. Ils arrivent à les capturer non seulement au sol, mais aussi en vol, en les attrapant habilement de leurs pattes et en les dévorant sur-le-champ sans même se poser. Souvent, les faucons chassent en groupes, parfois même en bandes entières.

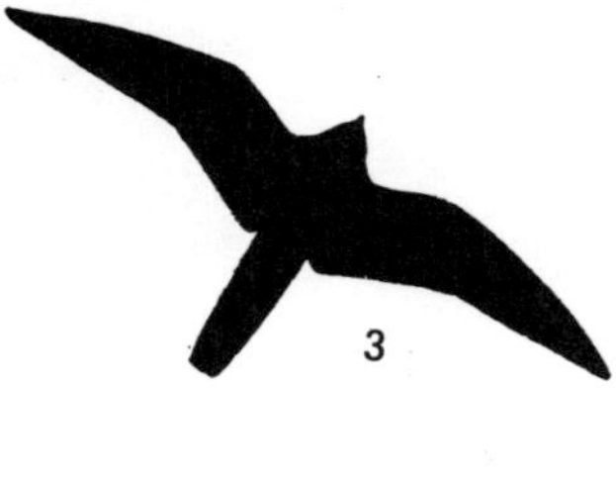
3

Le faucon kobez a la même taille que le faucon crécerelle (*Falco tinnunculus*). En vol, sa silhouette (3) rappelle celle de ce dernier et un peu aussi celle du faucon hobereau (*Falco subbuteo*). Le mâle est très foncé (1) avec prédominance des nuances gris ardoise sauf sur les culottes et les sous-caudales qui sont marron. La femelle (2) est beaucoup plus claire. Son ventre roux, son occiput et sa nuque ne portent pas de taches. Son dessous clair contraste avec un manteau foncé parcouru par des lignes ondulées serrées. Une moustache foncée se détache bien sur ses joues claires. Les deux sexes ont les pattes et la cire du bec d'un rouge profond.

Les immatures ressemblent beaucoup aux jeunes hobereaux. Dans le nid, ils lancent des «ki ki ki ki» stridents et répétés qui rappellent de manière frappante le cri du pic épeichette (*Dendrocopos minor*).

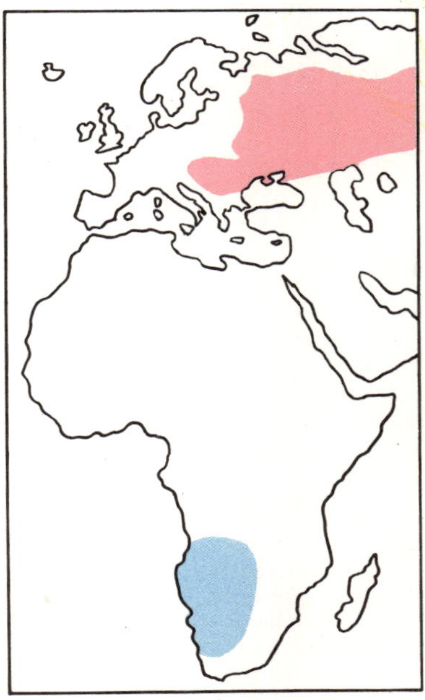

Faucon émerillon Falconidés
Falco columbarius *Falconidae*

Le faucon émerillon habite les régions septentrionales de l'Eurasie et de l'Amérique du Nord. En Asie centrale, on peut le rencontrer à des altitudes élevées. Dès le mois de mars ou en avril, il est de retour sur son territoire de ponte. A la saison des nids, il recherche le biotope de la toundra, boisée ou non, et même ces parties de la taïga où apparaissent des paysages dégagés rappelant la toundra. Certaines populations du faucon émerillon nichent en montagne, à l'étage alpin, d'autres dans la steppe ou dans la steppe boisée. Le faucon émerillon bâtit son nid sur le sol ou sur un rocher, s'installant à de rares occasions dans un nid arboricole de Corvidés (*Corvidae*).

Le faucon émerillon fait surtout sa proie de petits oiseaux et, en moindre quantité, d'insectes et de petits mammifères. Il chasse les oiseaux en vol. Seule la femelle nourrit les petits, le mâle se contentant de lui remettre la nourriture. Entre septembre et novembre, les faucons migrent. Pendant la migration et dans leurs centres d'hivernage, on peut les rencontrer dans un milieu où la forêt alterne avec un paysage dégagé.

Le faucon émerillon est migrateur sur la majeure partie de son aire de répartition. Font exception les îles Britanniques et certaines petites régions d'Europe de l'Est où il est sédentaire ou erratique. Il hiverne régulièrement dans le sud et l'ouest de l'Europe et aussi, en moins grand nombre, sur le reste du continent. Au cours des hivers particulièrement rigoureux, il migre jusqu'en Afrique du Nord et en Asie du Sud.

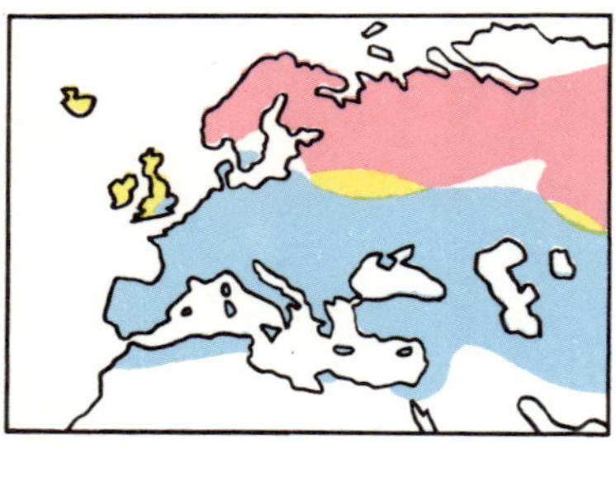

Le faucon émerillon fait partie des Falconidés les plus menus. Le mâle (1) est un peu plus petit que la femelle. Il est gris foncé sur le dessus. Sa queue, grise également, se termine par une bordure noire. Son ventre roux est constellé de taches foncées bien nettes. Les immatures et les femelles (2), qu'on a du mal à distinguer les uns des autres, ont le manteau brun foncé et le ventre plus clair parsemé comme celui des mâles de taches longitudinales. Leur queue brune est barrée de plusieurs bandes plus foncées.

En chassant, le faucon émerillon adopte la stratégie du vol bas et rapide, jouant sur l'effet de surprise. Par sa silhouette, il rappelle l'hirondelle ou le hobereau. Sa voix ressemble à çelle du faucon crécerelle. Ses cris sont des «ki ki ki ki» aigus et très rapides.

Faucon hobereau Falconidés
Falco subbuteo *Falconidae*

A première vue, le faucon hobereau ressemble à un faucon pèlerin (*Falco peregrinus*) miniature. Son aire de nidification occupe la majeure partie de l'Eurasie, pénétrant jusqu'au nord de l'Afrique. En Europe, il apparaît presque partout, hormis les régions situées le plus au nord du continent. C'est un oiseau rigoureusement migrateur. En automne, il aime visiter les roselières dans lesquelles des bandes d'hirondelles de cheminée ou de fenêtre se rassemblent pour y passer la nuit. C'est, pour le hobereau, une table de festin qu'il aurait du mal à trouver ailleurs. Les hobereaux désertent leurs nids petit à petit, dès la fin août et jusqu'en octobre. Les populations d'Europe et de l'Ouest sibérien s'engagent loin dans le continent africain, au sud de la zone des forêts équatoriales. Les oiseaux regagnent leur nid en avril et en mai, occupant dès leur retour un territoire de nidification relativement restreint. Les hobereaux ne font pas de nid. Les femelles pondent dans les nids des autres oiseaux, surtout dans ceux des Corvidés ou des rapaces, en choisissant de préférence ceux situés à l'orée de la forêt, sur des arbres très hauts qui leur garantissent une bonne visibilité.

En Europe, le faucon hobereau vit à des altitudes faibles ou moyennes, mais en Asie, il monte jusqu'à 3 000 mètres d'altitude. Spécialisé du point de vue alimentaire, il se nourrit surtout d'insectes volants et d'oiseaux. Il chasse exclusivement dans les paysages dégagés en mettant à profit l'extrême rapidité de son vol. Parmi les oiseaux, il capture surtout les hirondelles et les alouettes. Il est peut-être le seul rapace capable d'attraper un martinet en vol.

3

Par sa coloration, le hobereau ressemble beaucoup au faucon pèlerin (*Falco peregrinus*). Une grande moustache noire caractérise ces deux espèces. Le hobereau est très foncé sur le dessus, y compris sur l'occiput et sur la nuque. Son ventre roux clair porte des rayures foncées longitudinales. On reconnaît les oiseaux adultes (1) aux culottes et aux sous-caudales rousses qui sont brunâtres chez les immatures (2). Le hobereau est beaucoup plus petit que le faucon pèlerin. Le mâle a à peine la taille d'un faucon crécerelle, la femelle étant un peu plus grande. La différence de coloration entre les deux sexes est minime.

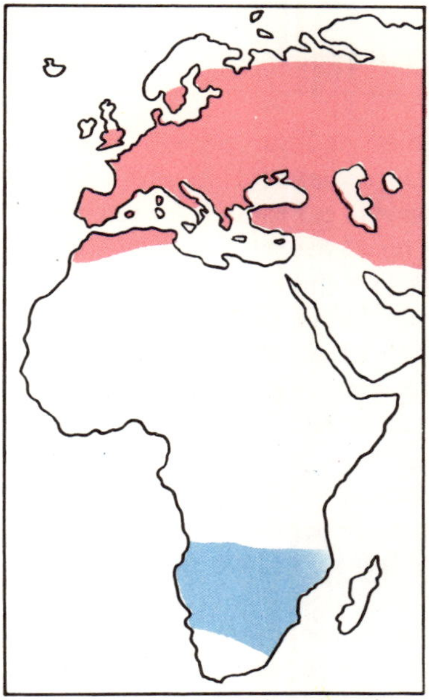

En vol, le hobereau (3) se reconnaît à ses longues ailes étroites et pointues, aux extrémités dirigées souvent en arrière. Sa silhouette rappelle celle du martinet.

Le hobereau lance des «kikikikiki» stridents qui rappellent un peu les cris du faucon crécerelle, avec une tonalité plaintive.

2

1

Faucon sacre
Falco cherrug

Falconidés
Falconidae

La patrie du faucon sacre se situe dans le sud-est de l'Europe et en Asie centrale. Son aire de nidification s'arrêtait encore récemment à l'ouest, en Bohême. Aujourd'hui, elle ne dépasse pas la Moravie et l'est de l'Autriche. A la saison des nids, il habite les forêts de feuillus ou mixtes, en plaine ou dans les collines, ne s'aventurant que rarement dans la montagne. Il aime chasser dans les paysages découverts au voisinage de forêts, dans les steppes, les champs, les pâturages ou les prés. Le faucon sacre s'attaque surtout aux oiseaux et aux mammifères de taille moyenne, tout en étant parfaitement capable de s'emparer d'oiseaux de la taille d'un colvert. Chasseur accompli, il chasse aussi bien dans l'air qu'au sol.

Le faucon sacre est très apprécié des fauconniers. Il s'apprivoise très facilement et s'attache à son maître. Extrêmement téméraire, il ose s'attaquer, après un entraînement spécial, à des mammifères de la taille d'un chevreuil ou à un héron.

Le faucon sacre niche sur les rochers ou dans les forêts anciennes où il occupe le nid abandonné d'autres oiseaux. Seule une partie de ses populations migre pour l'hiver. Les centres d'hivernage les plus connus des faucons européens se situent dans le nord-est de l'Afrique (Soudan, Éthiopie), au Proche-Orient et dans le sud-est de l'Europe. Aux mois de mars et d'avril, ils reviennent sur leur territoire. Dès leur retour, ils se livrent à une parade nuptiale accompagnée de cris stridents «kié kié kié, iiek iiek iiek gué guék».

La coloration fondamentale du faucon sacre est brune, avec un ventre plus clair, parsemé de taches rondes (1). Quelques bandes claires se détachent bien sur le fond sombre de la queue. Sa tête très claire est ornée de moustaches foncées étroites, à peine visibles chez la femelle.

En vol, il ressemble de manière frappante au faucon pèlerin. Il est à peu près de la même taille, mais sa queue est un peu plus longue et la coloration de son plumage moins contrastée. La silhouette du faucon sacre en vol se caractérise par ses ailes étroites et pointues (2).

Les sousliks sont la nourriture favorite des faucons sacres qui les chassent avec beaucoup d'habileté.

2

1

Caille des blés
Coturnix coturnix

Phasianidés
Phasianidae

La caille des blés est l'un des plus petits Phasianidés. Les steppes, qu'elles soient boisées ou non, sont le milieu d'origine de ce gallinacé menu. Dans la campagne cultivée où l'agriculture est intensive, la caille recherche les champs de blé ou de luzerne et la couverture herbeuse où elle se nourrit surtout de graines, de bourgeons, puis en été d'insectes et d'autres invertébrés.

L'aire de nidification des cailles des blés est assez vaste. Elle s'étend sur toute l'Europe (hormis ses régions septentrionales), sur de vastes régions en Asie, dans l'est et le sud africain, y compris Madagascar et les îles voisines. La caille des blés est l'un des rares Galliformes migrateurs. Une centaine d'espèces vivent en Afrique, mais seules quelques-unes d'entre elles sont migratrices. La majeure partie des populations européennes passent l'hiver au bord de la Méditerranée après avoir quitté leurs nids au mois d'octobre. Au cours de leur pénible voyage, elles font halte, pour la première fois, sur la côte européenne de la Méditerranée. Elles deviennent alors la proie des chasseurs qui les capturent par milliers. Le même sort les attend sur la côte africaine, après avoir franchi la mer. Au cours de ces dernières années, le nombre de cailles capturées a souvent dépassé vingt millions par an.

En dépit de cela, un grand nombre de cailles européennes hivernent dans la région aride située au sud du Sahara. L'itinéraire de la migration d'automne des cailles d'Europe centrale traverse l'Espagne, mais curieusement, lors de leur voyage de retour qui a lieu en avril et en mai, la majeure partie des oiseaux survolent l'Italie.

La caille des blés est deux fois plus petite qu'une perdrix à laquelle elle ressemble beaucoup par la forme du corps. Les tons brun jaunâtre prédominent dans la coloration de son plumage. Son dos est parcouru par une multitude de rayures claires et foncées longitudinales. Sa tête porte aussi des rayures nettes. Il est très difficile de distinguer le mâle de la femelle. Le meilleur signe de reconnaissance est le collier clair bordé de tons sombres qui orne la gorge du mâle (1), celui de la femelle n'étant que faiblement ébauché (2). On a plus de chances d'entendre la caille des blés que de l'apercevoir. Elle fait entendre des «pic piuit» scandés et se manifeste le plus souvent la nuit.

3

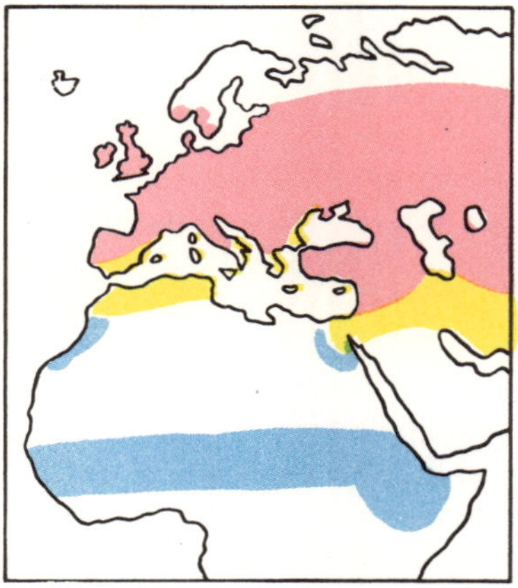

En vol, on reconnaît la caille des blés aux battements rapides de ses ailes qui sont étroites et pointues (3), contrairement à celles des autres Galliformes. En outre, elle vole très vite et en zigzaguant, ce qui la différencie de la jeune perdrix.

2

1

Marouette ponctuée — Rallidés
Porzana porzana — *Rallidae*

L'aire de répartition de la marouette ponctuée occupe l'Europe et l'Asie Antérieure et centrale. La limite septentrionale de son territoire de nidification traverse le sud de la Norvège, la Suède et la Finlande. A l'ouest, il s'étend jusqu'en Grande-Bretagne. A la saison des nids, la marouette ponctuée habite les prés marécageux et les eaux peu profondes des étangs où poussent les roseaux, les glycéries (*Glyceria*) et les laîches (*Carex*) en abondance. Néanmoins, on peut l'apercevoir également dans les biotopes plus secs comme, par exemple, dans les marais asséchés ou irrégulièrement inondés.

La marouette ponctuée est migratrice sur la majeure partie de son aire de répartition, quittant ses nids en automne, depuis août jusqu'en octobre. A cette époque de l'année, on peut observer de grandes bandes de marouettes s'assembler sur la vase des étangs vides ou sur les bandes de boue qui longent la végétation du bord de l'eau. Lors de leur migration qui s'effectue surtout la nuit, de nombreuses marouettes se tuent en se heurtant contre des obstacles divers, tels que fils électriques, poteaux, clochers. Leurs principaux lieux d'hivernage se situent en Afrique de l'Ouest, du Sud, de l'Est et du Nord-Est, notamment dans la région du Haut Nil, où elles hivernent par milliers. D'autres hivernages, tout aussi importants, se trouvent en Asie Antérieure.

Dès la fin du mois de mars et au cours du mois d'avril, les marouettes regagnent leur aire de nidification. Les couples s'installent sur des territoires de ponte réduits que les deux partenaires défendent avec acharnement contre les intrus. Elles se nourrissent surtout de différents invertébrés, tels que les insectes, les mollusques, les crustacés, etc.

La marouette ponctuée (1) est un oiseau des marais de la taille d'une grive. Comme la marouette poussin (*Porzana parva*) et la marouette de Baillon (*P. pusilla*) la marouette ponctuée a le bec aplati sur les côtés et plus court que la tête. La marouette ponctuée est brun foncé sur le dessus, claire sur le dessous. Presque tout son corps est constellé de points

2

blancs; des bandes transversales apparaissent sur ses flancs. Les pattes vertes complètent cet ensemble. Le mâle diffère peu de la femelle par sa coloration. La livrée de l'immature (2) est plus brune. Dérangée, la marouette secoue nerveusement sa courte queue.

Pendant la nidification, on n'aperçoit qu'exceptionnellement la marouette ponctuée. On a par contre plus de chances d'entendre sa forte voix pendant les douces soirées de printemps; c'est un «houit houit houit» plusieurs fois répété.

Râle des genêts Rallidés
Crex crex *Rallidae*

Contrairement à la plupart des Rallidés, le râle des genêts affectionne le biotope des prés ou des champs de colza, de trèfle et de blé. On peut le rencontrer en plaine et au pied des montagnes. Actuellement, il est en train de déserter les plaines, gêné par la mécanisation de la récolte des fourrages, et devient au contraire commun à des altitudes moyennes.

L'aire de répartition du râle des genêts englobe l'Europe et l'Asie. Sa limite septentrionale traverse le sud de la Scandinavie, la Finlande, pour suivre plus à l'est le cours inférieur de l'Ienisseï. Les populations installées le plus à l'est nichent près du lac Baïkal, celles de l'ouest en Irlande. Au sud, on peut apercevoir les râles des genêts dans le sud de la France, dans le nord de l'Italie et des Balkans et en Asie Mineure. Les populations européennes quittent leur nid en septembre et en octobre. Elles survolent la Méditerranée et se dirigent en Afrique équatoriale et australe. Au Soudan, les râles recherchent les milieux arides, herbeux et buissonneux. En Europe, on peut surprendre exceptionnellement les râles en hiver sur les côtes atlantiques.

En avril et en mai, les râles reviennent sur leur aire de nidification. Les mâles arrivent les premiers pour se mettre à défendre aussitôt avec acharnement leur territoire de ponte. A son retour, la femelle retrouve son partenaire à sa voix. Les oiseaux tressent leur nid au sol avec des brins d'herbe sèche et de mousse et le dissimulent soigneusement. La femelle pond jusqu'à 13 œufs, l'un après l'autre. Nidifuges, les poussins quittent le nid tôt après l'éclosion pour suivre leur mère. Ils ne deviennent adultes qu'au terme de deux mois.

2

Le râle des genêts est un peu plus petit et plus frêle qu'une perdrix. La coloration de base de son plumage est brun-jaune (1). Son dos est strié de taches sombres longitudinales, son ventre porte, sur sa partie postérieure, des bandes foncées transversales. Sur les ailes apparaissent des plages rousses. Les différences de coloration entre le mâle et la femelle sont minimes.

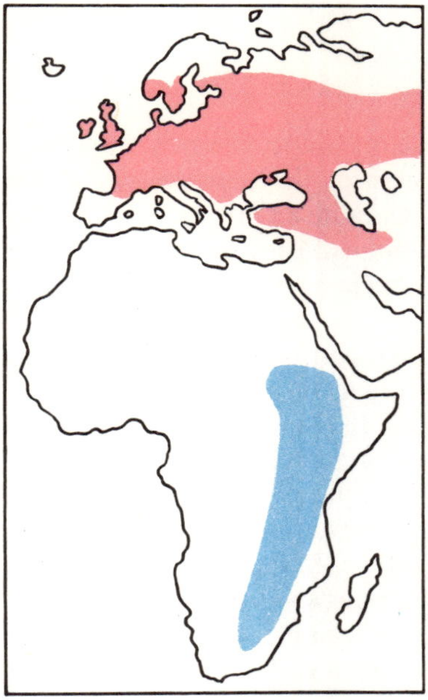

Les chances d'apercevoir un râle des genêts sont extrêmement faibles bien que celui-ci vive dans les paysages dégagés. Dérangé, il tente de s'enfuir et de se dissimuler dans l'herbe dense plutôt que de s'envoler. S'il s'envole, on le reconnaît à sa façon caractéristique de traîner les pattes (2). Cependant, sa voix trahit indubitablement sa présence. C'est un cri bisyllabique «réep — rréep» semblable au son qu'émet un objet métallique qu'on gratte contre un peigne.

1

Grue cendrée — Gruidés
Grus grus — *Gruidae*

La grue cendrée niche en Europe et en Asie. En Europe, elle pénètre loin au nord. Son aire de répartition est limitée à l'ouest par la Norvège, au sud par la Saxe, le sud de la Pologne et le centre de l'Ukraine au niveau du Don inférieur. Il y a peu de temps encore, les grues habitaient presque toute l'Europe. La principale cause de leur disparition est l'assèchement des marais transformés en terres cultivées.

Dans la partie septentrionale de leur aire de répartition, les grues cendrées font partie des espèces exclusivement migratrices. Elles quittent leur territoire de nidification de septembre à novembre. Bien qu'elles volent vers le sud en un front large, on peut déceler, en Europe et en Sibérie occidentale, quatre principales voies de migration. Les grues scandinaves se séparent en deux groupes après avoir atteint le nord de l'Allemagne, le premier empruntant la direction du sud-ouest, le second celle du sud-est. L'itinéraire du sud-ouest traverse les Pays-Bas, la Belgique et la France pour s'achever dans le sud de l'Espagne et au Portugal où hiverne un grand nombre de grues cendrées. Toutefois, de nombreux oiseaux traversent le détroit de Gibraltar pour passer l'hiver dans le nord-ouest de l'Afrique. Le courant du sud-est survole l'Europe centrale où il est rejoint par les grues venues d'Union soviétique et probablement aussi de Finlande. Ensemble, elles traversent la Yougoslavie et l'Italie pour achever leur voyage en Tunisie. Le troisième axe migratoire traverse d'abord la taïga du nord de la Russie, puis les steppes de l'Ukraine, la côte occidentale de la mer Noire, la Turquie occidentale ou Chypre jusqu'en Égypte et en Éthiopie. La quatrième et dernière voie de migration mène des régions orientales de l'Union soviétique à la Transcaucasie, l'Irak, l'Iran, et parfois même l'Éthiopie. Contrairement aux cigognes blanches, les grues cendrées ne recherchent pas spécialement les détroits pour survoler la mer. Elles franchissent couramment les chaînes de montagnes comme par exemple le Caucase.

La grue cendrée est un oiseau particulièrement élégant. Les tons gris perlé prédominent dans la coloration de son plumage. Sa gorge est noire, des bandes blanches ornent les côtés de sa tête. Le dessus de sa tête est rouge. Il n'y a aucune différence entre la coloration du mâle et celle de la femelle (1).

2

Les grues cendrées habitent toujours des paysages dégagés. A l'instar des cigognes, elles volent le cou tendu; on arrive toutefois à les distinguer grâce à leur plumage gris caractéristique. On ne peut pas non plus les confondre avec les hérons cendrés car ces derniers volent le cou replié en forme de S.

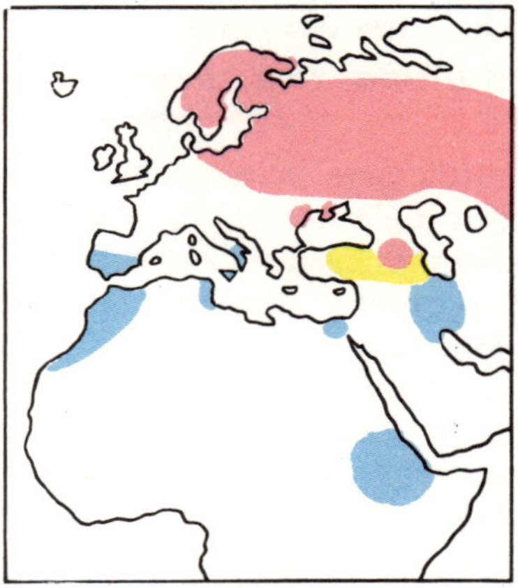

En dehors de la saison des nids, les grues cendrées se rassemblent en grands groupes. Peu après l'envol, elles adoptent des formations caractéristiques en V (2) ou en rangées transversales.

1

Souvent, même en vol, elles font entendre leur cri qui ressemble à des coups de trompette.

Œdicnème criard
Burhinus oedicnemus

Burhinidés
Burhinidae

L'œdicnème criard habite de vastes étendues couvrant l'Europe occidentale et centrale et le sud de l'Union soviétique. On le trouve aussi à l'est de l'Asie centrale. Son aire de répartition s'arrête, au nord, dans le sud de l'Angleterre, sur le littoral méridional de la Baltique et dans le bassin de la Volga. Au sud, on le rencontre sur toutes les péninsules méditerranéennes (péninsule Ibérique, Italie, Balkans). Il est commun aussi en Arabie et en Afrique du Nord. Les oiseaux qui nichent dans la partie septentrionale de leur aire de répartition migrent pour l'hiver dans certaines régions de l'Afrique équatoriale où ils peuvent partager les mêmes sources de nourriture (différents invertébrés et petits mammifères) que l'espèce locale de l'œdicnème, l'œdicnème du Sénégal (*Burhinus senegalensis*). Une partie des populations de l'œdicnème criard passe l'hiver dans le sud-ouest de l'Europe et en Afrique du Nord. Les populations orientales traversent les Balkans pour rejoindre leurs hivernages en Arabie, en Éthiopie, en Afrique orientale et au Sénégal.

Les couples se forment pendant l'hiver, avant de revenir, en avril, sur les territoires de ponte. Pendant cette période, ils sont peu discrets: ils volètent çà et là, tôt le matin et le soir, en faisant fréquemment entendre leur voix. L'œdicnème criard niche toujours dans un paysage dégagé, sur des territoires à la végétation pauvre, sur les pâturages ou dans les champs. Le nid est une simple dépression dans le sol dans laquelle la femelle pond 2 œufs. Nidifuges, les petits quittent le nid quelques heures après l'éclosion et, en six semaines, ils sont capables de voler. Les œdicnèmes criards désertent leur territoire de nidification les uns après les autres, d'août à octobre.

2

Bien que l'œdicnème criard soit aussi grand qu'une mouette, il sait très bien passer inaperçu. Il est blanc sur le dessous, tandis que son manteau, sa gorge et son jabot sont bruns, striés de petits traits; ses longues pattes sont jaunes. L'œdicnème criard a de grands yeux jaunes avec un dessin caractéristique tout autour. Le mâle et la femelle ont une coloration absolument identique (1).

Dans la journée, on reconnaît l'œdicnème en vol aux deux bandes bien visibles qui ornent le dessus de ses ailes (2). L'œdicnème criard est un oiseau nocturne. Il sort la nuit pour chasser différents invertébrés et aussi, à l'occasion, de petits mammifères. Seule sa voix indique parfois sa présence. Son cri est un «kou-ri» enroué ou un «ki-rri-iik» strident.

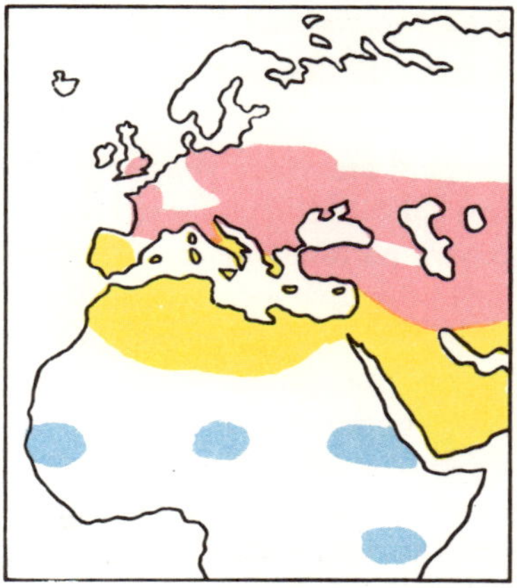

1

Petit gravelot ou **petit pluvier à collier** — Charadriidés
Charadrius dubius — *Charadriidae*

Le petit gravelot habite une vaste aire qui englobe l'Europe, l'Asie et l'Afrique du Nord, nichant aussi en Orient et en Australie. En Europe, on le rencontre partout sauf sur une grande partie des îles Britanniques, de la péninsule scandinave et des régions septentrionales d'Europe orientale.

Il niche sur les bords sablonneux ou boueux des plans ou des cours d'eau douce, plus rarement sur le littoral. La plupart des populations européennes sont migratrices. Seuls les oiseaux vivant dans la partie méridionale de l'aire de répartition du petit gravelot sont sédentaires. Les petits gravelots migrateurs quittent leurs territoires de ponte depuis la fin du mois d'août jusqu'en octobre. Une partie d'entre eux hiverne sur la côte africaine de la Méditerranée, mais la majorité continue jusqu'en Afrique équatoriale. Au Sénégal, ils hivernent à proximité des rivières où il reste encore un peu d'eau ainsi que dans la steppe aride parsemée d'acacias; dans le sud du Tchad et au Nigeria, ils recherchent surtout les milieux herbeux secs. Au Soudan, au Kenya et en Ouganda, ils se concentrent à proximité des lacs et dans la vallée du Nil.

Au printemps, en avril ou en mai, les petits gravelots reviennent sur leur aire de nidification, se séparant en couples aussitôt après leur retour. Leur parade nuptiale est spectaculaire: elle se déroule partiellement au sol, partiellement en vol, et est abondamment accompagnée de cris particuliers. Le mâle défend avec acharnement son territoire de nidification. Le nid des petits gravelots est un trou souvent pavé avec parcimonie de cailloux, d'éclats de coquillages ou garni parfois de résidus végétaux secs. La femelle pond toujours 4 œufs. Les parents se relaient équitablement lors de la couvaison et participent tous les deux à l'élevage des petits.

3

Le petit gravelot n'est pas plus grand qu'un moineau. Il est brun clair sur le dessus, blanc sur le ventre. Sa tête et sa poitrine sont rehaussées d'un dessin noir et blanc contrasté (1) qui diffère dans les détails de celui du grand gravelot (*Charadrius hiaticula*). Le dessin des immatures est brun (2). La coloration du plumage ne permet pas de distinguer les sexes.

A la saison des nids, le petit gravelot se montre extrêmement agile. Inquiet, il n'arrête pas de courir en tous sens et, dérangé, il s'envole par saccades au ras du sol ou de l'eau en lançant des «piu piu» ou des «piu—dia» mélodieux. Contrairement au grand gravelot, il ne porte pas de bandes alaires claires (3).

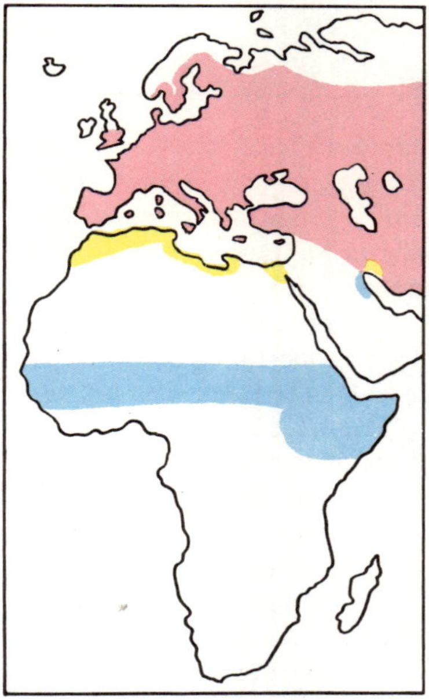

Grand gravelot
Charadrius hiaticula

Charadriidés
Charadriidae

Le grand gravelot niche le plus souvent sur le littoral; les oiseaux de la toundra s'installent parfois néanmoins sur les rives d'un cours d'eau ou d'un plan d'eau douce. Il est répandu sur le littoral de l'Europe occidentale, de la Grande-Bretagne et de l'Irlande, sur la côte de la Baltique et, vers l'est, au bord de la mer Blanche et jusqu'à Terre-Neuve. Il est également présent en Islande et au Groenland. Hormis ses populations britanniques qui sont sédentaires, le grand gravelot est migrateur. La Grande-Bretagne, le littoral français de l'Atlantique ainsi que les bords de la Méditerranée sont ses lieux d'hivernage les plus proches. D'autres lieux d'hivernage importants se trouvent sur presque tout le littoral africain. Dans certains endroits, surtout dans le delta des grands fleuves, les concentrations de grands gravelots sont particulièrement fortes. Les populations des régions orientales passent l'hiver en Arabie et en Inde.

Les grands gravelots groenlandais sont très certainement originaires d'Europe. La preuve en est qu'aujourd'hui encore, ils continuent à migrer en Europe et en Afrique pour y passer l'hiver; seuls les oiseaux nichant sur la côte occidentale du Groenland se rendent en Amérique. Les tourne-pierres à collier (*Arenaria interpres*) et les bécasseaux maubèche (*Calidris canutus*) groenlandais ont un comportement analogue.

Les grands gravelots regagnent leur territoire de nidification entre mars et mai, les couples étant généralement déjà constitués. Ils sont extrêmement attachés à l'endroit où ils ont l'habitude de nicher. Après une parade nuptiale bruyante, le couple occupe son territoire de ponte. La femelle pond 4 œufs dans un trou creusé par le mâle. Les deux parents se relaient lors de la couvaison, mais c'est surtout le mâle qui prend soin des petits. Au bout d'un mois à peine, les petits sont capables de voler.

3

Le grand gravelot est un joli oiseau à l'aspect soigné de la taille d'une alouette. Son corps rondelet est perché sur des pattes hautes d'un jaune orangé, sa tête ronde porte un bec court. Les adultes (1) se reconnaissent à un motif noir et blanc caractéristique qui orne leur tête et leur gorge: le front, la gorge et la collerette sont blancs, une bande noire leur barre le front et l'œil, et une autre large bande noire orne leur jabot. Leur ventre est d'un blanc pur, leur dos ainsi que le dessus de la tête sont couleur sable. Il est très difficile de distinguer la femelle du mâle, même à l'aide de jumelles. Les immatures (2) ont le dessin de la tête et de la gorge dans des tons brunâtres, et la bande pectorale est souvent interrompue au milieu.

1

2

Le grand gravelot vole rapidement et avec agilité. Sur le dessus de ses ailes pointues on remarque une bande blanche longitudinale bien dessinée. Ses rectrices externes sont également blanches (3). En vol, il fait souvent entendre des «puip» clairs et plaintifs.

Pluvier guignard Charadriidés
Charadrius morinellus *Charadriidae*

L'aire de répartition du pluvier guignard est très éclatée: l'espèce habite en effet les endroits pierreux situés à une certaine altitude dans la toundra septentrionale d'Eurasie et d'Amérique du Nord, ainsi que les biotopes analogues qu'elle rencontre dans certaines montagnes d'Europe et d'Asie centrale, où l'espèce apparaît comme un vestige des ères glaciaires. En Europe, le pluvier guignard niche dans certains massifs d'Écosse, en Scandinavie, au nord de la Finlande puis, à l'intérieur du continent, de façon irrégulière, dans les Alpes, les Alpes de Transylvanie, les Abruzzes et l'Oural. Tous les pluviers guignards quittent leur nid à partir du mois d'août et jusqu'en octobre pour migrer vers le sud. Pendant cette période de l'année, on les voit surtout dans les champs. Pendant leur migration, les populations scandinaves survolent la Belgique et les Pays-Bas avant d'atteindre leurs lieux d'hivernage qui se situent en Afrique du Nord et en Arabie. Les pluviers guignards sibériens, en revanche, se déplacent vers l'ouest pour hiverner dans la partie septentrionale du littoral atlantique.

Le retour d'hivernage s'effectue d'avril à mai, à l'époque où l'aire de reproduction des pluviers guignards est encore généralement recouverte par la neige. Les couples ne se forment qu'une fois arrivés sur place. La parade nuptiale bruyante pendant laquelle le mâle et la femelle se poursuivent mutuellement s'effectue en vol. Le nid des pluviers, très simple, est garni sommairement. Les oiseaux le placent dans un endroit tout à fait dégagé. La ponte qui compte le plus souvent 3 œufs s'achève vers la fin du mois de mai ou début juin. C'est le mâle qui couve et, souvent, s'occupe seul des petits. Nidifuges, les petits pluviers guignards quittent le nid dès le lendemain de l'éclosion pour suivre leur père.

Le pluvier guignard a la taille d'un merle. Revêtu de sa livrée nuptiale (1), c'est un oiseau très gracieux: ses sourcils blanchâtres se rejoignent sur la nuque formant un V qui met en valeur l'occiput foncé, presque noir. Sa gorge blanche est bien visible ainsi qu'une étroite bande en croissant de lune qui barre la poitrine, séparant sa partie supérieure grise de sa partie inférieure rousse. Son ventre est noir.

2

En dépit de la grande vitesse de son vol, on voit bien que la face interne de ses ailes est entièrement blanchâtre jusqu'aux omoplates; elle peut être également gris-brun, de même que les sous-caudales (2).

La livrée d'éclipse (3) n'est pas aussi contrastée. La couleur noire disparaît et le roux de la poitrine cède la place au gris-brun pâle. Mais quelle que soit la livrée, la bande blanche pectorale est toujours bien apparente. Au moment de la migration, les pluviers guignards se regroupent en petites bandes.

3

1

Bécasseau minute Scolopacidés
Calidris minuta *Scolopacidae*

Le bécasseau minute est l'un des plus petits bécasseaux. Il niche en Eurasie, dans la zone des toundras. A l'ouest, il pénètre, jusqu'au nord de la Norvège, à l'est, jusqu'au fleuve Iana, pouvant survivre sans aucune difficulté dans des contrées aussi hostiles que les îles de Nouvelle-Sibérie et Terre-Neuve. La limite méridionale de son aire de répartition coïncide à peu près avec le cercle polaire. De mai à juin, les bécasseaux reviennent sur leur territoire de nidification. Pendant la période de nidification, ils recherchent tout particulièrement les endroits marécageux de la toundra arctique, situés de préférence près du littoral, près des lacs ou dans les bassins de grands fleuves.

Les premiers bécasseaux minute quittent leur nid dès le mois d'août, les derniers courant octobre. Au cours de leur migration, on peut les voir en bandes sur les bords de plans d'eau boueux ou dans l'eau peu profonde des étangs où ils collectent toutes sortes de petits animaux dont ils se nourrissent. Pour chercher leur nourriture, ils enfoncent rapidement leur bec devant eux, à l'aveuglette, jusqu'à ce qu'ils rencontrent quelque chose de comestible. Ils sont aussi capables de se servir de leur vue. Après avoir traversé l'Eurasie, une partie des oiseaux passe l'hiver sur la côte méditerranéenne (européenne ou africaine), au sud de la mer Caspienne et près du golfe Persique. Néanmoins, la plupart des bécasseaux minute continuent jusqu'en Afrique Noire où s'étend leur aire d'hivernage, du Sénégal au bord de la mer Rouge. Plus au sud, on les rencontre jusqu'au Cap. En hiver, dans cette région, on observe des bandes de bécasseaux comptant près d'une centaine de têtes.

2

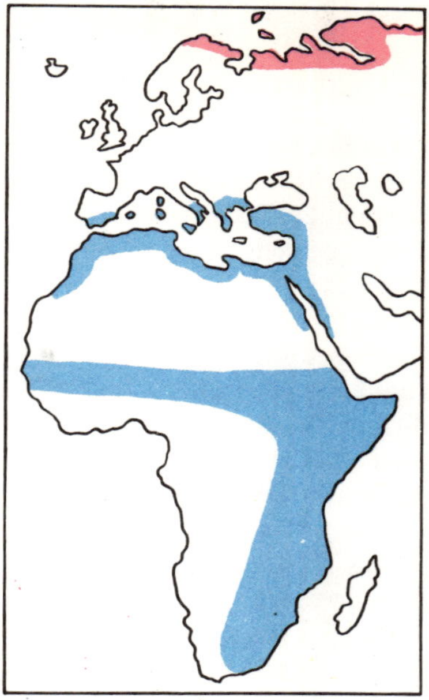

Le bécasseau minute atteint la taille d'un rouge-gorge. Quel que soit leur plumage, on n'arrive pas à distinguer le mâle de la femelle. La livrée nuptiale n'est pas multicolore (1). Au printemps, le dessus du corps est roux, parsemé de taches foncées. Le dessous et les côtés de la gorge sont blancs. Ses sourcils sont également blancs. Deux bandes claires sur le dos forment un grand V assez visible. Les tons grisâtres prédominent dans le plumage d'éclipse (2).

Le vol du bécasseau minute est très rapide. A cette occasion, on aperçoit bien les bandes blanchâtres sur le dessus des ailes, le croupion foncé bordé d'une couleur claire et la queue également foncée. Lors de leurs migrations vers le sud, les bécasseaux se regroupent en bandes qu'on peut souvent voir en compagnie d'autres limicoles, au bord des réservoirs d'eau.

1

Bécasseau de Temminck Scolopacidés
Calidris temminckii *Scolopacidae*

Le bécasseau de Temminck habite la toundra et la toundra boisée du nord de l'Eurasie. Son aire d'extension couvre une vaste région depuis le nord et le centre de la Norvège, à l'ouest, jusqu'à la péninsule des Tchouktches, à l'est. La limite méridionale se situe un peu plus au sud que celle du bécasseau minute *(C. minuta).*

A la saison des nids, le bécasseau de Temminck recherche les endroits marécageux de la toundra, avec une abondante couverture herbeuse et buissonneuse; il s'installe rarement sur le littoral. En août et en septembre, les bécasseaux de Temminck s'envolent en direction du sud. Au passage, on les aperçoit, comme leurs parents proches les bécasseaux minute (et très souvent en leur compagnie), sur la vase ou dans l'eau peu profonde des étangs ou des grandes rivières.

Les bécasseaux de Temminck hivernent parfois au bord de la Méditerranée; néanmoins, ils continuent le plus souvent leur voyage jusqu'en Afrique équatoriale, au sud du Sahara. On rencontre les plus fortes concentrations en Afrique orientale et au Congo. D'autres lieux d'hivernage s'étendent de l'Arabie jusqu'en Inde. Au printemps, les bécasseaux quittent leurs quartiers d'hiver et réapparaissent avant la fin du mois de mai sur leur territoire de nidification. Les couples sont alors déjà formés. Aussitôt, ils se livrent à une parade nuptiale bruyante, accompagnée de vols spectaculaires. Les bécasseaux de Temminck bâtissent leur nid dans l'herbe. Les petits savent voler trois semaines à peine après l'éclosion.

Le bécasseau de Temminck est légèrement plus grand que le bécasseau minute. Les différences de couleur existant entre les deux espèces sont également peu importantes. On peut reconnaître le bécasseau de Temminck à son manteau d'un brun-gris uniforme sans bandes et sa gorge plus foncée. Son plumage nuptial (1) est brunâtre, sa livrée d'éclipse (2) est plus grise.

3

Le vol du bécasseau de Temminck paraît nerveux. Il est rapide comme celui du bécasseau minute. A cette occasion, on peut voir les bandes claires longitudinales qui ornent le dessus des ailes (3). Le croupion et la queue foncés sont bordés de blanc. Dérangé, le bécasseau de Temminck lance un «kirr» court alors que le bécasseau minute fait entendre, dans les mêmes circonstances, un «tirri — tit — tit» plus doux.

2

1

Chevalier combattant
Philomachus pugnax

Scolopacidés
Scolopacidae

L'aire de répartition du chevalier combattant est inhabituelle. Il habite surtout la toundra en Europe et en Asie, mais peut apparaître beaucoup plus au sud, nichant en Belgique, aux Pays-Bas, en Pologne et en Hongrie. Le chevalier combattant recherche les milieux marécageux à la couverture herbeuse situés près du littoral ou des grands lacs de l'arrière-pays.

Les chevaliers combattants sont migrateurs, hormis les populations installées sur le littoral de l'Atlantique qui sont sédentaires. Les oiseaux quittent leurs nids les uns après les autres entre août et octobre. Les chevaliers qui nichent dans le nord de l'Europe traversent l'Europe occidentale et centrale pour aller hiverner dans la région méditerranéenne et en Afrique, au sud du Sahara. Certains de leurs congénères, originaires des contrées sibériennes reculées, migrent vers les côtes indiennes ou arabes ou sur le littoral de l'Afrique orientale. Dans les différentes parties de l'Afrique, on peut surprendre des bandes immenses de chevaliers combattants. Le delta du Sénégal par exemple accueille environ un million de chevaliers dispersés en bandes comptant plusieurs centaines d'individus. Au bord du lac Tchad, on a recensé jusqu'à 500 000 oiseaux; sur une partie du Yobé, rivière longue de 24 kilomètres qui se jette dans le lac Tchad, on en a compté un million. Curieusement, les mâles et les femelles hivernent séparément.

Au printemps, en avril ou en mai, les chevaliers combattants reviennent sur leur territoire de nidification. Peu de temps après, la parade nuptiale bat son plein: les mâles endimanchés se pavanent en groupe, en ébouriffant leurs plumes et en sautillant.

3 ♂

Le dimorphisme sexuel est très marqué. On a du mal à croire que mâles et femelles appartiennent à la même espèce. Le mâle atteint la taille d'une petite tourterelle alors que la femelle (2) n'est pas plus grande qu'une grive. Les deux ont le bec un peu plus long que la tête. Revêtu de sa livrée d'éclipse, le mâle diffère peu de la femelle par sa coloration. Pendant cette période, tous les tons du brun-gris prédominent dans sa coloration. Lorsqu'il vole de son allure tranquille, à l'instar du chevalier aboyeur, on peut observer une bande claire sur le dessus des ailes et un croupion blanc traversé au milieu par un trait noir (3).

Pendant la période des amours, les mâles se parent d'une livrée nuptiale somptueuse (1). La collerette de plumes qu'ils déploient pendant la parade nuptiale est la plus spectaculaire. Plusieurs mâles se rassemblent

2 ♀

sur le lieu des combats rituels et c'est précisément à cette occasion qu'on remarque la grande variabilité de la coloration de leur collerette.

1 ♂

Bécassine des marais Scolopacidés
Gallinago gallinago *Scolopacidae*

La bécassine des marais vit, de façon discrète, dans les prés humides et marécageux ou dans les tourbières. C'est seulement pendant la période des amours que les mâles volent haut dans le ciel en décrivant de larges courbes. De temps à autre, ils piquent brusquement vers le sol en émettant un bêlement bizarre provoqué par les vibrations de l'air sur les rectrices. Au bout d'un instant, ils rééquilibrent leur vol et remontent en silence pour recommencer leur manège.

Les bécassines des marais regagnent en mars et en avril leur territoire de nidification, qui s'étend sur une vaste superficie en Eurasie et en Amérique du Nord. En Eurasie, elles ont élu domicile sous les climats tempérés et polaires. Elles sont presque toutes migratrices, à l'exception des populations d'Europe occidentale qui sont sédentaires ou erratiques. Pendant la migration qui a lieu de juin à octobre, les bécassines recherchent en priorité des biotopes qui ressemblent à ceux qu'elles fréquentent habituellement sur leur territoire de ponte. On peut les apercevoir aussi sur les berges boueuses et les fonds des étangs vidés. Elles se rassemblent parfois en bandes immenses mais leur comportement à cette occasion diffère cependant de celui des bécasseaux ou des chevaliers. Ceux-ci s'envolent tous ensemble lorsqu'un danger devient imminent alors que les bécassines attendent tapies jusqu'au dernier moment et s'envolent l'une après l'autre.

Les oiseaux qui nichent en Europe hivernent sur une vaste aire qui s'étend depuis le nord-ouest et l'ouest de l'Europe jusqu'en Afrique équatoriale. Sporadiquement, on peut observer des bécassines des marais, en hiver, en Europe centrale.

La bécassine des marais (1, 2) n'est pas plus grande qu'un merle. La coloration fondamentale de son plumage est brune. Sa livrée est roussâtre sur le dessus avec des raies jaunâtres longitudinales sur la tête et le dos. Son cou court porte une tête au bec particulièrement long.

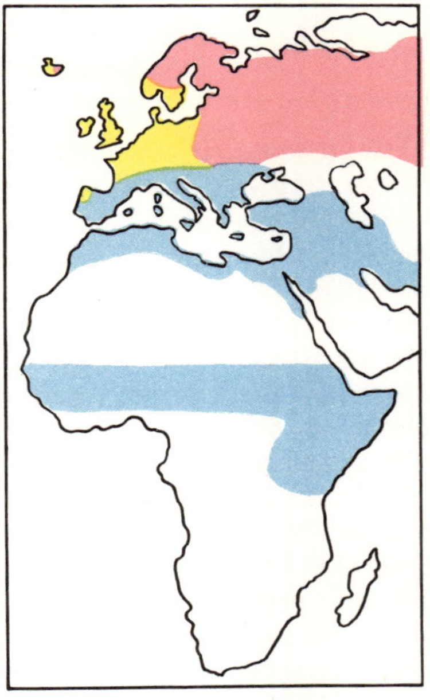

Le vol de la bécassine des marais est rapide. Dès son envol, l'oiseau zigzague en lançant des «krrep» rugueux. Les bécassines des marais migrent souvent en compagnie des bécassines doubles (*Gallinago media*) (3) qu'on reconnaît au dessin blanc caractéristique, visible en vol seulement, qu'ils portent sur la queue. La bécassine double prend généralement son envol en silence et sans changer de direction. La silhouette des deux bécassines paraît massive comparée à celle du chevalier élancé. Leur cou semble inexistant; leur très long bec, par contre, est bien visible.

1

Barge à queue noire Scolopacidés
Limosa limosa *Scolopacidae*

La barge a queue noire habite une partie de l'Europe et de l'Asie. En Europe, elle niche çà et là en Grande-Bretagne, en France, en Suède, Norvège, Allemagne, aux Pays-Bas, en Belgique et plus à l'est. En Grande-Bretagne et en France, les barges à queue noire sont sédentaires. Les autres populations européennes, migratrices, hivernent sur les côtes atlantiques de l'Europe occidentale, autour de la Méditerranée, près des côtes méridionales de la mer Caspienne, au Proche-Orient et sur une étroite bande de terre au sud du Sahara. Elles se concentrent dans certains endroits et forment des bandes immenses. Dans le delta du Sénégal, par exemple, au moins 200 000 barges à queue noire hivernent chaque année. Au Maroc, on en compte régulièrement 100 000 environ, dans les biotopes qui conviennent à cette espèce.

Les mâles et les femelles reviennent relativement tôt sur les lieux de nidification, en mars ou avril. Les oiseaux s'installent dans les prés humides aussi bien que dans les landes sèches. Peu de temps après leur retour, une parade nuptiale très complexe commence, avec des évolutions conventionnelles dans l'air et au sol. Tout le rituel s'accompagne de manifestations sonores extrêmement bruyantes. Les barges à queue noire bâtissent leur nid au sol, généralement dans les herbes denses. Les poussins suivent leurs parents pleins de sollicitude et savent voleter au bout de quatre semaines.

Dès qu'ils maîtrisent parfaitement la technique du vol, les jeunes quittent les lieux de reproduction en compagnie de leurs parents. La vraie migration a lieu de juillet à septembre.

3

La barge à queue noire est un limicole de la taille d'une tourterelle. Perchée sur ses hautes pattes, elle se caractérise par un cou mince et un long bec. Sa livrée nuptiale (1) est marron-roux sur la tête, le cou et la gorge. Son ventre clair est parcouru de bandes foncées transversales. La coloration du mâle est plus vive que celle de la femelle. En vol, une bande blanchâtre longitudinale (3) se détache nettement sur le dessus foncé du corps. La base blanche de la queue contraste fortement avec la bande noire terminale.

Les nuances variées du gris, propres au plumage d'éclipse (2), remplacent les tons marron-roux de la livrée nuptiale. Vu de profil, le bec paraît légèrement incurvé vers le haut.

Les barges à queue noire deviennent extrêmement agressives après l'éclosion des œufs. Intrépides, elles se jettent sur chaque intrus. Elles fondent sur lui en criant pour l'éloigner.

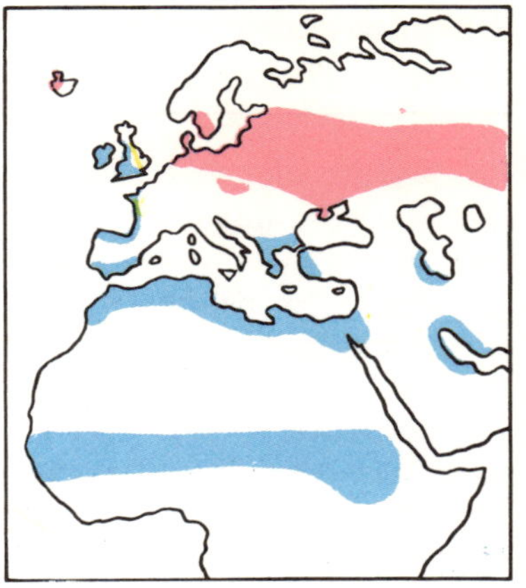

Chevalier aboyeur ou **chevalier à pattes vertes** — Scolopacidés
Tringa nebularia — *Scolopacidae*

Le chevalier aboyeur est l'un des plus grands chevaliers. A la saison des nids, il recherche surtout les marécages, sans dédaigner pour autant les endroits secs de la toundra ou de la toundra boisée européenne et asiatique. A l'ouest, ses populations pénètrent jusqu'en Écosse.

Les principaux lieux d'hivernage du chevalier aboyeur sont disséminés sur une vaste région en Afrique équatoriale et australe. Une minorité de ses populations hiverne en Europe et en Afrique du Nord, surtout sur les côtes britanniques, sur le littoral atlantique et au bord de la Méditerranée. Au cours de la migration, qui a lieu de juillet à novembre, les chevaliers se montrent sociables, sans former pour autant de grandes bandes.

Les chevaliers aboyeurs ne reviennent sur leurs lieux de reproduction qu'en avril et en mai. Le nid est un simple trou dans le sol, dissimulé le plus souvent dans l'herbe. Lors de la couvaison, le mâle et la femelle se relaient. Dès que les petits sèchent après l'éclosion des œufs, ils suivent les parents.

Hormis une infime quantité de végétaux, le régime alimentaire de ce chevalier se compose de différents animaux, insectes, petits crustacés, mollusques et annélides. L'oiseau se nourrit au sol, dans la vase et l'eau peu profonde. Comme son parent proche, le chevalier arlequin, le chevalier aboyeur sait marcher dans l'eau, immergé jusqu'au ventre, et même nager.

3

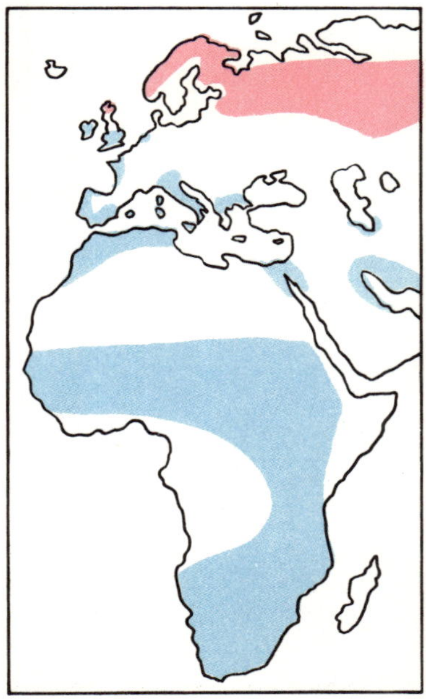

Le chevalier aboyeur atteint la taille d'une grive. Ses longues pattes vertes et son bec noir sont très spectaculaires. Le bec est nettement plus long que la tête et apparaît légèrement retroussé de profil. Son cou et sa gorge sont grisâtres, le manteau et le dessus des ailes sont d'un brun-gris monotone. Sa livrée nuptiale (1) ne diffère du plumage d'éclipse (2) que par la vivacité de ses couleurs. On le reconnaît

2

surtout à la tache d'un blanc éclatant qui s'étend depuis la base de la queue jusqu'à la partie inférieure du manteau. Elle est cunéiforme et sa pointe est tournée vers la tête (3). Sa queue est grisâtre avec des bandes transversales. Sa voix sonore et claire est également caractéristique. Son chant flûté a des inflexions mélancoliques. Cris: des «tiou — tiou» et des «kiyk — iyk» plus stridents s'il est dérangé.

1

Chevalier sylvain
Tringa glareola

Scolopacidés
Scolopacidae

On classe le chevalier sylvain parmi les espèces d'oiseaux exclusivement migrateurs. A la saison des nids, il apparaît dans les régions les plus septentrionales de l'Europe et de l'Asie. En Europe, il habite une aire qui s'étend sur le nord de la Grande-Bretagne, le Danemark, la Scandinavie, le nord de l'Allemagne, la Pologne, les pays baltes et le nord-est de l'Ukraine. La limite septentrionale de son aire d'extension coïncide à peu près avec le cercle polaire.

La migration automnale des chevaliers sylvains d'Europe commence en juillet et s'achève en octobre. Les oiseaux empruntent alors un axe migratoire en direction du sud et du sud-ouest, migrant à la manière de la plupart des limicoles. Ils franchissent d'abord quelques centaines de kilomètres, puis restent pendant une ou deux semaines dans un endroit propice avant de continuer leur voyage. Pendant l'escale, ils choisissent les bords et les fonds boueux des étangs où la nourriture animale abonde.

Un grand nombre de chevaliers sylvains hivernent dans les régions méditerranéennes; toutefois, les principaux centres d'hivernage se trouvent en Afrique, depuis la limite méridionale du Sahara jusqu'au sud du continent. Ils sont particulièrement répandus dans les complexes lacustres et marécageux du Zaïre et de la Zambie. Les bandes comptant un millier d'individus ne sont pas rares dans cette région. Au bord du lac Édouard par exemple on a recensé jusqu'à 20 000 chevaliers sylvains.

Les chevaliers sylvains reviennent sur leurs lieux de reproduction en avril et en mai. Ils choisissent des endroits humides, marécages et tourbières, surtout si des plans d'eau peu profonds s'étendent à proximité. A quelques rares exceptions près, ils ont une alimentation essentiellement animale, composée surtout d'insectes et de leurs larves.

Le chevalier sylvain (1, 2, 3) fait partie des petits chevaliers. Il ressemble beaucoup au chevalier cul-blanc (*Tringa ochropus*) (4), mais son plumage est plus clair à cause des taches claires plus nettes qui constellent son corps. La tache blanche de la queue et du croupion est plus étroite. Contrairement au chevalier cul-blanc, le chevalier sylvain, en vol, se reconnaît à la face interne des ailes et aux pattes plus claires. Sociable, il vit souvent en grandes bandes.

2

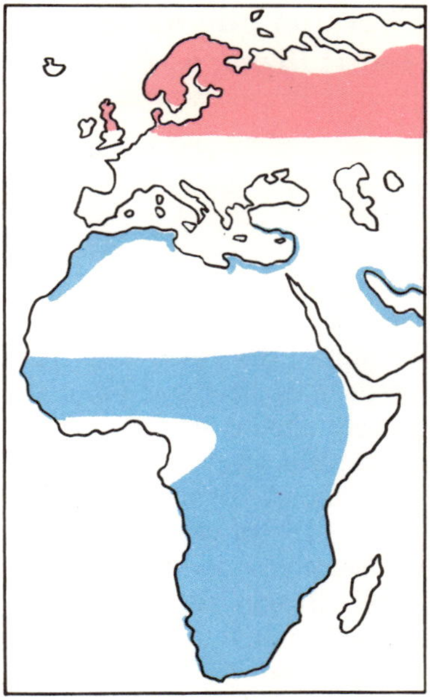

On distingue facilement la voix du chevalier sylvain de celle du chevalier cul-blanc. Ce sont des «guiguiguiguig» ou des «dididididi» plus doux. Le chevalier cul-blanc, par contre, fait entendre des «toui — titit» aigus et flûtés ou des «tiouii» brefs.

1

Chevalier guignette Scolopacidés
Actitis hypoleucos *Scolopacidae*

Le chevalier guignette est un limicole étroitement apparenté aux oiseaux du genre *Tringa*; on le classe donc depuis peu dans le même genre. Il est répandu presque partout en Europe et dans les régions septentrionales de l'Asie, hormis la toundra du Grand Nord. Ses populations sont migratrices sur toute l'étendue de son aire de répartition, à l'exception de celles du sud, du sud-ouest et des îles Britanniques qui sont sédentaires ou erratiques. La migration automnale des chevaliers guignette s'effectue par petits groupes, de juillet à septembre; ils franchissent alors jusqu'à 300 km par jour. Ils hivernent déjà en petit nombre dans la région méditerranéenne, mais la plupart d'entre eux descendent jusqu'en Afrique équatoriale et australe, Madagascar inclu. Les populations qui nichent à l'est de la Finlande se rendent en Afrique orientale ou en Asie. Au cours de leur voyage, on les voit surtout à proximité de l'eau, sur les berges pierreuses ou herbeuses parsemées d'arbres ou de buissons. Ils ne recherchent pas, en revanche, les rives boueuses ni le fond des étangs asséchés qui sont le milieu de prédilection de la plupart des limicoles.

Les chevaliers guignette réapparaissent sur leur aire de reproduction en avril et en mai. Ils s'installent près des étendues ou des cours d'eau aux bords sablonneux ou caillouteux ayant peu de végétation. La parade nuptiale a lieu dès le retour. Les chevaliers guignette nichent isolément par couples. Les deux partenaires prennent part à la couvaison et à l'éducation des petits, émancipés au bout d'un mois environ.

2

Le chevalier guignette, de la taille d'un étourneau, a les pattes et le bec plus courts que les autres chevaliers. Le dessus de son corps brun olivâtre est constellé de points. Il ne se distingue pas par un dessin caractéristique. Le dessous de son corps est blanc, comme chez la plupart des limicoles (1).

En marchant, il bouge son corps de manière bien visible et hoche la queue. En vol, on voit d'emblée ce qui le différencie des limicoles apparentés: il vole le plus souvent au ras de l'eau en battant rapidement des ailes du plan horizontal vers le bas (2). La bande blanche longitudinale qui barre la face supérieure de ses ailes est alors bien apparente. Il accompagne fréquemment sa démonstration aérienne de cris bruyants «hii di di di hii dididi».

Sterne Pierregarin
Sterna hirundo

Laridés
Sternidae

La sterne Pierregarin est un oiseau svelte à la queue très fourchue, et c'est peut-être pourquoi on l'appelle parfois hirondelle de mer. La sterne Pierregarin est répandue en Europe, en Asie, en Amérique du Nord et dans certaines régions de l'Afrique du Nord-Ouest. Elle recherche particulièrement de grands étangs, mais on la rencontre aussi sur les rives sablonneuses des rivières, sur les îlots ou sur le littoral où elle niche à proximité de l'embouchure des fleuves ou dans les grandes baies.

En Europe, la sterne Pierregarin est commune partout, sauf peut-être dans les régions situées au-delà du cercle polaire. C'est l'une des neuf espèces de sternes eurasiennes qui hivernent en Afrique Noire. On les rencontre surtout sur le littoral occidental, austral et oriental, y compris à Madagascar. Ces oiseaux sont originaires d'Europe et d'Asie occidentale. Les populations de sternes d'Asie orientale, en revanche, migrent en Asie du Sud et souvent même jusqu'en Australie. La migration s'effectue la plupart du temps en direction du sud-ouest. En règle générale, les sternes parcourent lors de leur migration des distances supérieures à celles des mouettes. On a réussi à capturer une sterne Pierregarin finlandaise à 200 km du Cap; l'itinéraire de sa migration couvrait donc 10 000 km environ. Les oiseaux d'Amérique du Nord hivernent quant à eux sur la côte Est de l'Amérique du Sud, parfois jusqu'en Patagonie. En automne, les sternes s'envolent les unes après les autres pour un long voyage, d'août à octobre, pour revenir au printemps, d'avril à mai.

3

La sterne Pierregarin est plus petite que la mouette rieuse (*Larus ridibundus*). La coloration de son plumage ne permet pas de distinguer le mâle de la femelle. La sterne Pierregarin est grisâtre sur le dessus, blanche sur le ventre. Sa calotte est d'un noir profond au printemps seulement (1). En dehors de la période de nidification, son front devient blanc (2). Ses plumes d'occiput blanchissent également, mais restent parsemées de taches brun foncé. Son bec d'un rouge profond devient jaune-rouge pendant cette période.

2

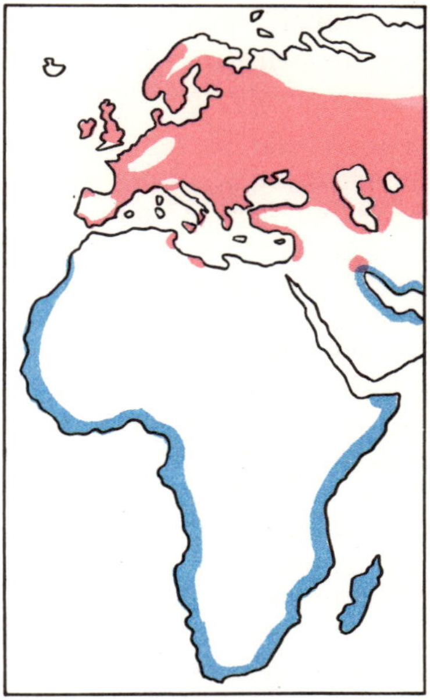

Le vol de la sterne Pierregarin donne une impression de légèreté et d'élégance (3). L'oiseau vole bas au-dessus de l'eau en bifurquant souvent d'une façon inattendue. Si elle aperçoit une proie, elle vole sur place pendant un instant avant de fondre sur elle comme une flèche. L'eau gicle, la sterne disparaît sous l'eau pour émerger aussitôt et continuer sa route, un petit poisson dans le bec. A différentes occasions, les sternes lancent des cris aigus «kiéérrr».

1

Tourterelle des bois Columbidés
Streptopelia turtur *Columbidae*

La tourterelle des bois habite presque toute l'Europe, sauf le nord de la Grande-Bretagne, la péninsule scandinave et l'U.R.S.S au nord d'une ligne fictive qui relie le golfe de Finlande au sud de l'Oural. En dehors de l'Europe, la tourterelle des bois niche aussi en Asie et en Afrique du Nord. Elle se plaît tout particulièrement dans la campagne cultivée où les champs, les prés et autres espaces dégagés alternent avec des bois, des bosquets, des arbres ou arbustes isolés, avec de l'eau à proximité. Les tourterelles cherchent leur nourriture dans les champs et dans les étendues herbeuses. Dans un paysage cultivé, leur régime alimentaire se compose de trois quarts de grains de toutes sortes, de graines de tournesol et de petits pois et d'un quart de graines de plantes sauvages.

La tourterelle des bois est un oiseau rigoureusement migrateur. Lors de leur migration, les tourterelles empruntent deux voies différentes. Celles d'Europe occidentale respectent la direction du sud-ouest, survolant la France, l'Espagne et l'Afrique du Nord pour se diriger vers le sud. Celles d'Europe orientale survolent les Balkans et partiellement l'Italie, ce qui correspond à la direction du sud ou du sud-est. En automne, la plupart des tourterelles des bois franchissent la Méditerranée, dès la fin du mois d'août et pendant le mois de septembre. Une petite partie des tourterelles hiverne sur les rives de la Méditerranée, mais on considère que les régions situées au sud du Sahara sont les principaux lieux d'hivernage. Au Sénégal, dans certains endroits où elles ont l'habitude de passer la nuit à proximité des rivières, leur nombre peut atteindre un demi-million. La migration de retour commence à la mi-avril et dure très souvent pendant tout le mois de mai.

La tourterelle des bois (1) est à peine plus grande qu'un merle. Le mâle et la femelle adultes ont le manteau et le dessus des ailes brun-rouge. Leur tête, leur cou et la partie antérieure de leur dos sont grisâtres, avec une nuance bleutée. Les côtés de leur cou sont ornés d'une bande oblique et de petites taches noires et blanches. Le dessous du corps est clair, teinté de brun-rose sur la poitrine et la gorge. Leur queue sombre bordée de blanc est l'un des signes les plus caractéristiques. La tourterelle turque (*Streptopelia decaocto*) (2), proche parente de la tourterelle des bois, s'est répandue en Europe centrale, septentrionale et occidentale, il y a quelques décennies seulement.

Cette tourterelle diffère de l'espèce précédente par sa taille, par la coloration gris jaunâtre de son plumage et par le dessin qui orne les côtés de son cou et qui consiste en une bande noire bordée de blanc. Contrairement à celui de la tourterelle turque, le vol de la tourterelle des bois est très rapide. L'oiseau vole comme une flèche entre les buissons; posé, il fait entendre un roucoulement agréable «tourr tourr».

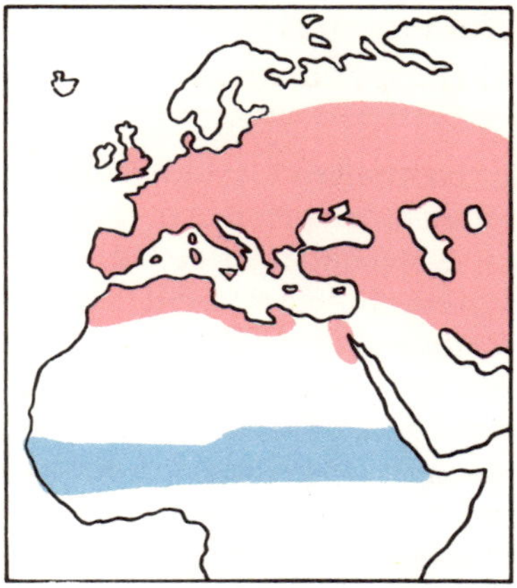

Coucou gris
Cuculus canorus

Cuculidés
Cuculidae

Le coucou gris est sans doute l'un des oiseaux les plus populaires et son nom est lié à de nombreuses légendes et à de curieuses superstitions. En Europe, on le rencontre partout sauf dans la partie sud-est du continent. Il niche également en Asie et en Afrique du Nord. Peu exigeant quant au choix de son biotope, il recherche néanmoins des bosquets clairs aux sous-bois riches où nichent de nombreuses espèces d'oiseaux dont il est tributaire, compte tenu de son mode de reproduction. Lors de sa migration automnale, qui a lieu d'août à septembre, on peut même le rencontrer dans les paysages non boisés. A cette occasion, il se perche sur les arbustes isolés et même sur les fils électriques. Son long pèlerinage annuel aboutit en Afrique équatoriale ou australe.

Les coucous gris regagnent leur territoire de ponte à partir de la mi-avril et courant mai. La femelle et le mâle ne forment pas un couple durable. Dans les endroits où les mâles prédominent, la femelle peut même pratiquer la polyandrie, ce qui est un phénomène rarissime dans tout le règne animal. Il est notoire que le coucou gris ne bâtit pas son propre nid, mais pond dans celui des autres oiseaux, surtout des oiseaux chanteurs. On appelle ce phénomène « nidification parasitaire ».

Le coucou gris est considéré comme une espèce utile car il est rigoureusement insectivore. C'est le seul oiseau européen qui peut ingurgiter en grande quantité des chenilles velues. Son estomac est garni d'une «fourrure» formée par les soies piquantes qui viennent se ficher sur sa paroi; de temps à autre, celle-ci est muée.

La coloration fondamentale du mâle et de la femelle est grise dans la plupart des cas. Le manteau et les ailes du coucou sont gris ardoise, son ventre est clair avec des rayures transversales serrées (1). La variété rousse qui apparaît parfois chez la femelle (2) est relativement rare. La très longue queue de l'oiseau, sa fine tête et son bec tendus vers l'avant ainsi que ses ailes étroites et pointues sont bien visibles, surtout en vol. Sa couleur fondamentale grise et sa longue queue peuvent parfois abuser un observateur inexpérimenté qui confond alors un coucou gris (3) avec un épervier (4). On reconnaît en outre le coucou gris en vol à la faible amplitude de ses battements d'ailes.

Les mâles lancent des «cou cou» caractéristiques pour délimiter leur territoire assez vaste. Les femelles font entendre un cri tout autre, «klilililililili . . .» rapide, sorte de glouglou.

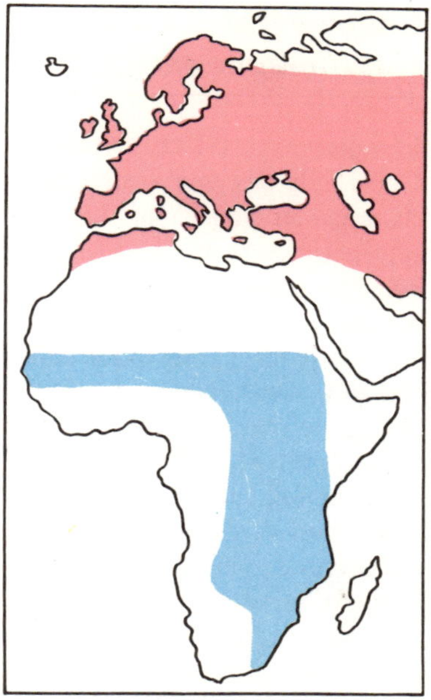

Engoulevent d'Europe
Caprimulgus europaeus

Caprimulgidés
Caprimulgidae

L'engoulevent d'Europe possède comme les autres oiseaux de la famille des Caprimulgidés une grande tête munie d'un bec très court qu'il peut cependant ouvrir largement. L'aspect insolite des engoulevents, auquel s'ajoute leur activité nocturne et leur présence fréquente à proximité des agglomérations humaines, ont toujours intrigué l'imagination fertile des hommes. Ainsi est née une superstition absurde selon laquelle les engoulevents pénètrent la nuit dans les étables pour sucer directement au pis le lait des vaches ou des chèvres, d'où leur nom populaire «tète-chèvre». En réalité, l'engoulevent d'Europe se nourrit exclusivement d'insectes qu'il attrape dans son bec largement fendu et parfaitement adapté.

L'engoulevent d'Europe vit en Europe, en Asie et en Afrique du Nord. Pour nicher, il choisit le milieu caractéristique des abords de clairières, des éclaircies et des taillis, dans les forêts de conifères et de feuillus. Pour l'hiver, il migre régulièrement vers le sud. Les oiseaux d'Europe et de Sibérie occidentale se rendent en Afrique équatoriale ou australe alors que les engoulevents méditerranéens hivernent dans la partie occidentale de la zone d'hivernage.

Les engoulevents d'Europe réapparaissent sur leur territoire de nidification entre avril et mai, les mâles précédant de peu les femelles. A cette époque, ils trahissent leur présence par des vols nuptiaux spectaculaires, accompagnés de vrombissements et de claquements d'ailes sonores. La parade nuptiale proprement dite et l'accouplement ont lieu au sol.

Oiseau crépusculaire ou nocturne, l'engoulevent d'Europe atteint la taille d'un grand merle. Son plumage a une coloration protectrice parfaite, si bien qu'il se confond avec l'écorce de l'arbre s'il se tient immobile. Au sol, il se confond tout aussi bien avec les feuilles mortes. Le dessus de son corps brun-gris est parsemé de taches brun-noir ou marron (1). Son ventre est légèrement plus clair. On ne reconnaît le mâle qu'en vol lorsque apparaissent les taches blanches de sa queue et de la pointe de ses ailes (2).

L'engoulevent d'Europe attend généralement l'obscurité pour sortir chasser. Le mâle fait entendre, au repos, un long bourdonnement monotone «orrrrrrorrrrrr» qui se prolonge pendant plusieurs minutes.

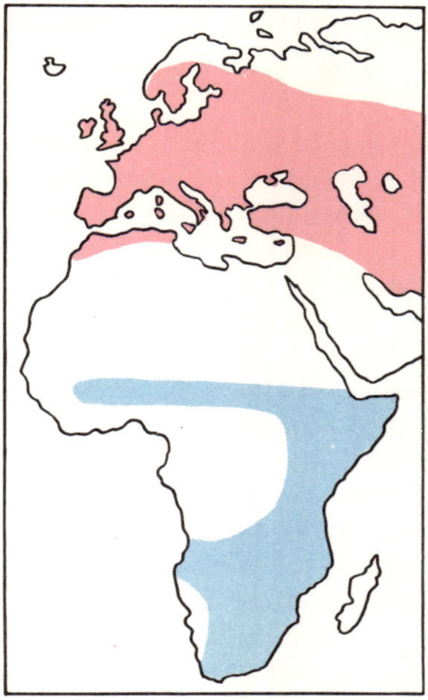

2 ♂

Le vol de l'engoulevent d'Europe est plus souple que celui du hibou. L'oiseau est capable de bifurquer et de changer souvent de direction. Sa longue queue est alors bien visible.

1

Martinet noir
Apus apus

Apodidés
Apodidae

On prend souvent le martinet noir pour une grande hirondelle. Il lui ressemble en effet, sans que les deux espèces soient pour autant apparentées car le martinet appartient à un ordre différent. Le martinet noir niche presque partout en Europe, dans une partie de l'Asie et en Afrique du Nord. C'est un oiseau rigoureusement migrateur qui ne s'attarde sur son territoire de nidification que le temps nécessaire à l'émancipation de ses petits.

Les martinets noirs passent la majeure partie de leur vie dans l'air. On a constaté qu'en dehors des migrations régulières qui ont lieu en automne (en direction des lieux d'hivernage) et au printemps (voyage de retour), les martinets noirs se livrent à des déplacements irréguliers déclenchés par des changements de conditions météorologiques. Les martinets se nourrissent de minuscules insectes volants dont l'apparition est tributaire des conditions climatiques. Lorsque la température baisse ou lorsque le temps pluvieux persiste, ce «plancton aérien» peut disparaître sans laisser trace si bien que les martinets noirs manquent de nourriture. On a constaté que les martinets pressentent les changements du temps et peuvent donc s'en aller au moment propice. Les jeunes ralentissent alors leur activité corporelle de sorte qu'ils peuvent se passer de nourriture pendant près de trois semaines.

Les martinets noirs d'Europe et d'une grande partie de l'Asie hivernent en Afrique, au sud du Sahara. Vers la fin de l'été, ils migrent d'abord en direction du sud-ouest, vers une région située au sud du Sahara occidental et, avant d'atteindre la zone de la savane boisée, ils bifurquent par la suite vers le sud-est jusqu'à leurs lieux d'hivernage. Les oiseaux qui nichent en Asie orientale migrent également en Afrique pour hiverner dans les régions arides situées à l'extrême sud du continent. Les martinets noirs reviennent sur leur territoire de ponte vers la fin du mois d'avril et en mai et s'annoncent, dès leur retour, par des cris aigus.

Les martinets noirs ne sont pas très colorés. Leur corps est gris-noir avec une tache claire sous le bec. En vol, on les reconnaît à leurs ailes falciformes, étroites, dont les mouvements sont assez raides. En dépit de cela, les martinets volent à la perfection. On les voit, en petits groupes, tantôt voler à une vitesse vertigineuse dans les rues au ras du sol, tantôt voleter très haut autour des clochers et des toits des grandes maisons. Leur vol rapide est plein de détours et de bifurcations.

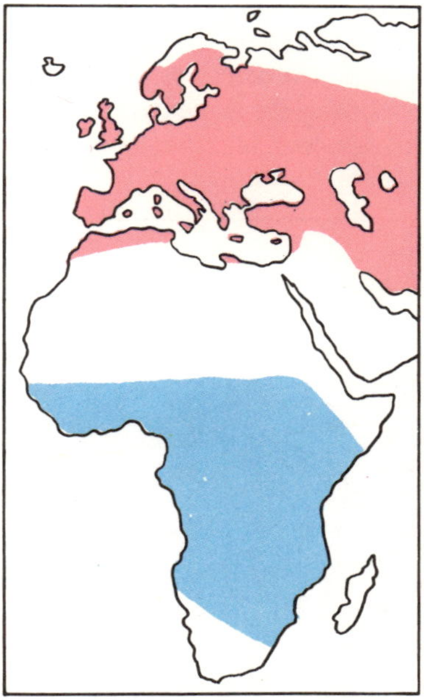

Si, par accident, le martinet noir tombe au sol, il ne décolle qu'au prix de grands efforts. Son nid se trouve sous les toits de grands bâtiments, dans les aspérités des rochers, mais aussi dans les nichoirs des étourneaux.

Martinet alpin ou **à ventre blanc**
Apus melba

Apodidés
Apodidae

Contrairement au martinet noir, oiseau de petite taille, le martinet alpin apparaît en Europe dans le sud du continent seulement. La limite septentrionale de son aire de répartition traverse le Portugal, l'Espagne, les Alpes, la France, le nord de la Yougoslavie, le sud de la Roumanie et les montagnes de Crimée. Il niche également en Afrique du Nord.

Le martinet alpin est un oiseau rigoureusement migrateur. Il s'envole vers ses hivernages situés en Afrique équatoriale, de septembre à octobre, et dès le mois d'avril il est de retour sur son territoire de ponte.

A la saison des nids, le martinet alpin recherche la proximité des rochers, à l'intérieur des terres comme sur le littoral. Il revient assez fidèlement à l'endroit où il a l'habitude de nicher. C'est probablement le mâle qui choisit l'emplacement du nid, situé en général dans les greniers des maisons ou dans les aspérités des rochers. Les oiseaux collectent dans l'air le matériau nécessaire à la construction du nid (duvet, poils, brindilles) qu'ils collent avec leur salive qui se fige à l'air. La ponte des martinets alpins compte 1 à 4 œufs que les deux parents couvent tour à tour. Après l'éclosion des œufs, les adultes nourrissent les petits bec à bec. Nidicoles, les petits martinets doivent rester deux mois dans le nid avant d'atteindre le développement nécessaire pour pouvoir s'envoler pour la première fois. Après avoir quitté le nid, les jeunes se livrent à un erratisme et parcourent des distances considérables, si bien qu'on en a rencontré en Grande-Bretagne, au Danemark, en R.D.A. et sur les îles Canaries. En deux ans, ils atteignent la maturité sexuelle.

Le régime alimentaire du martinet alpin se compose exclusivement d'invertébrés dont la taille ne dépasse pas 2,5 mm et que l'oiseau attrape au vol.

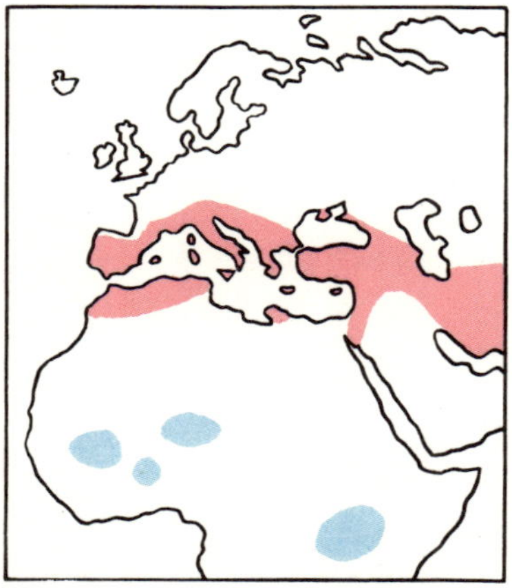

Tout en ayant la même silhouette et la même constitution que le martinet noir, le martinet alpin s'en distingue d'emblée par sa taille, nettement supérieure. L'envergure de ses ailes peut atteindre 50 cm. Toutefois, le signe distinctif le plus sûr sont deux taches blanches sur le dessous de son corps; la plus petite sur la gorge et l'autre sur le ventre. Contrairement au martinet noir, la coloration fondamentale du martinet alpin est plutôt brune.

Le martinet alpin a un mode de vie semblable à celui du martinet noir. Il vole lui aussi en troupes ou en bandes autour des grands édifices ou des rochers, en lançant des trilles particuliers, des «riririri» ou des «tyrit it it» rapides dont la tonalité varie.

Guêpier d'Europe Méropidés
Merops apiaster *Meropidae*

Le guêpier d'Europe est un oiseau multicolore et élégant qui habite les régions chaudes et sèches d'Europe méridionale, d'Asie et d'Afrique du Nord. La limite septentrionale de son aire de répartition n'est toutefois pas très stable, car pendant les printemps particulièrement chauds on rencontre les guêpiers d'Europe beaucoup plus au nord. Toutes les populations du guêpier d'Europe migrent, pour l'hiver, en Afrique équatoriale, occidentale, du Sud-Est et australe. Leur retour sur les nids s'effectue vers la fin avril et en mai. Les guêpiers d'Europe affectionnent des paysages faiblement boisés, traversés de cours d'eau aux berges sablonneuses ou argileuses. Ils nichent rarement solitaires, se rassemblant le plus souvent en colonies de dimension variable. Les nids sont placés dans un terrier au bout d'une galerie longue de 75 cm à 2 mètres que les deux oiseaux creusent dans la berge argileuse à coups de bec. Il est inutile de préciser qu'il s'agit d'un travail extrêmement long et épuisant dont la durée est rarement inférieure à deux semaines. Les deux parents couvent les œufs et nourrissent leur progéniture insatiable.

Les guêpiers d'Europe se nourrissent exclusivement d'insectes volants qu'ils attrapent habilement en l'air. Il s'agit surtout d'hyménoptères tels que les abeilles, les bourdons et les guêpes, mais il est certain que la prédominance de tel ou tel insecte à un moment donné influe fortement sur la composition du menu. Dans certains endroits, ce sont des libellules ou d'autres insectes encore qui deviennent le principal aliment des guêpiers.

2

Rares sont les joyaux ailés du règne animal qui peuvent rivaliser avec le guêpier d'Europe. Il est difficile de le décrire en mettant en valeur la perfection de sa beauté. Le guêpier d'Europe n'est pas plus grand qu'une grive. Son plumage est une mosaïque multicolore, blanche, bleue, verte, bleu-vert, brun-rouge, jaune vif, rousse et noire (1). Outre ses couleurs chatoyantes, le guêpier d'Europe attire l'œil par son long bec légèrement incurvé qui s'achève en une pointe acérée et par sa queue assez longue dont les rectrices centrales dépassent.

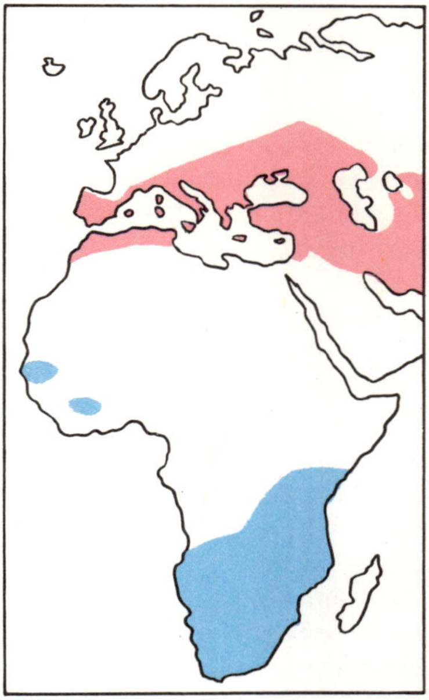

Le guêpier d'Europe est un oiseau sociable et on a souvent la chance d'observer des groupes entiers de ces bijoux vivants. Il aime se percher sur les endroits surélevés qui lui garantissent une bonne visibilité. En vol (2), le guêpier d'Europe déploie une riche harmonie de couleurs et lance des cris roulés «pirri pirri — pirri» ou «cruic».

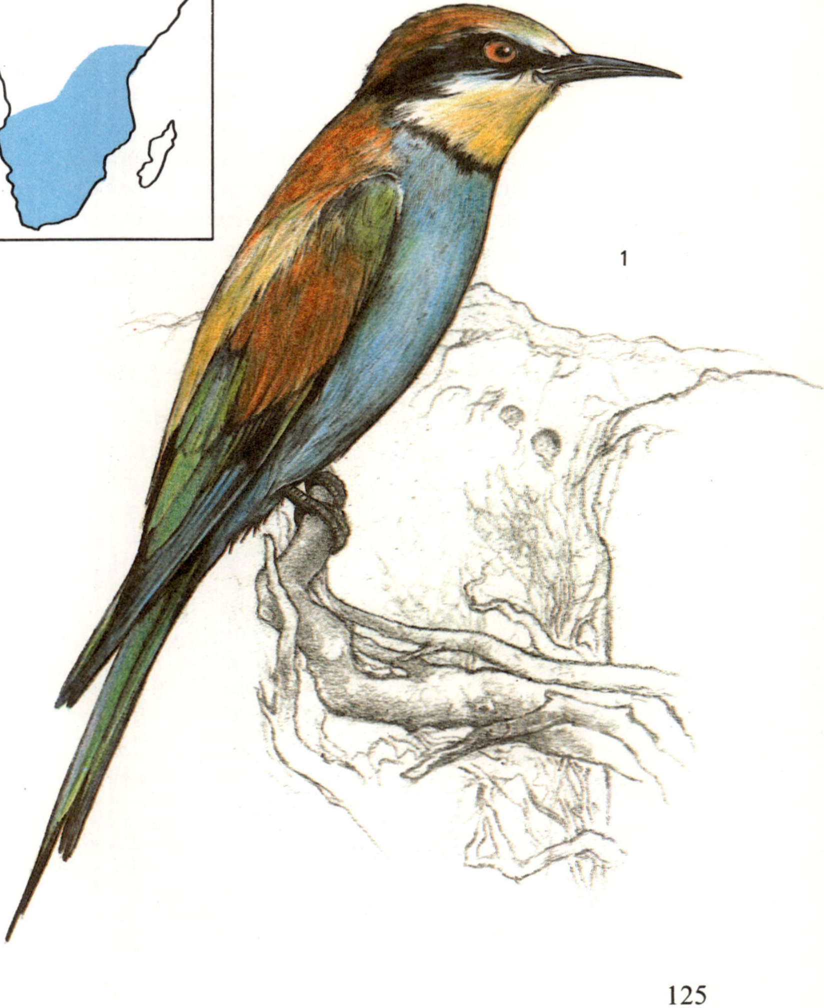

1

Rollier d'Europe
Coracias garrulus

Coraciadidés
Coraciidae

Le rollier d'Europe habite en faible et moyenne altitude les paysages ouverts des régions chaudes d'Europe, d'Asie occidentale et d'Afrique du Sud-Ouest. Pour que le biotope des rolliers d'Europe soit parfait, de petits bosquets, des vergers d'arbres fruitiers ou des allées de vieux arbres creux ne doivent pas y manquer.

Les rolliers d'Europe sont migrateurs sans exception. Ils désertent leur aire de nidification dès août ou septembre. A cette époque, ils se perchent sur des endroits surélevés tels que les poteaux électriques, même dans un paysage non boisé. La majorité des rolliers migre jusqu'en Afrique australe. Les oiseaux de l'Ouest européen se dirigent vers le sud-est, ceux de l'est de l'Europe et d'Asie s'envolent vers le sud et le sud-ouest. La plupart des rolliers d'Europe survolent le Sahara oriental, longent la forêt humide du bassin du Congo pour se disperser, plus à l'est, dans la savane, jusqu'au sud de l'Afrique. Ils se rassemblent dans les endroits où la nourriture abonde et sont attirés, en particulier, par les essaims gigantesques de criquets. L'itinéraire de la grande migration automnale passe au-dessus du lac Tchad, mais le voyage de retour, au printemps, suit une autre direction. Les rolliers hivernent couramment dans les régions voisines, au nord du Cameroun, mais jusqu'à présent on n'a pas réussi à savoir si ces oiseaux survolent, au printemps, le Sahara central ou s'ils forment la branche latérale de l'axe migratoire principal qui traverse le Soudan. Les rolliers d'Europe regagnent leur territoire de ponte par couples déjà formés vers la fin du mois d'avril et en mai.

3

Le rollier d'Europe (1) est aussi grand qu'une tourterelle. Il est vrai que les couleurs de son plumage sont moins éclatantes que celles du guêpier d'Europe, mais c'est néanmoins un oiseau très élégant. La coloration de son plumage consiste en une large gamme de nuances bleues, depuis le bleu ciel près du bec jusqu'au bleu vif des ailes et du croupion. La seule couleur différente est la teinte marron du dos, visible en vol (3). Le mâle se distingue à peine de la femelle; il est peut-être un peu plus clair. Les immatures (2) ont le front blanchâtre et leurs couleurs sont plus mates.

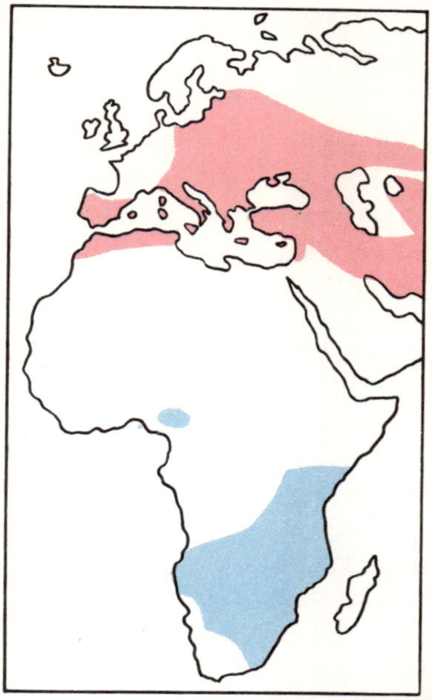

Les rolliers d'Europe aiment se percher sur les endroits surélevés pour guetter leur proie qu'ils terrassent au sol.

On entend le plus souvent la voix des rolliers dans leur territoire. Leur cri «kak» est rauque et lorsqu'ils sont dérangés, ils font entendre des «rakrakrak».

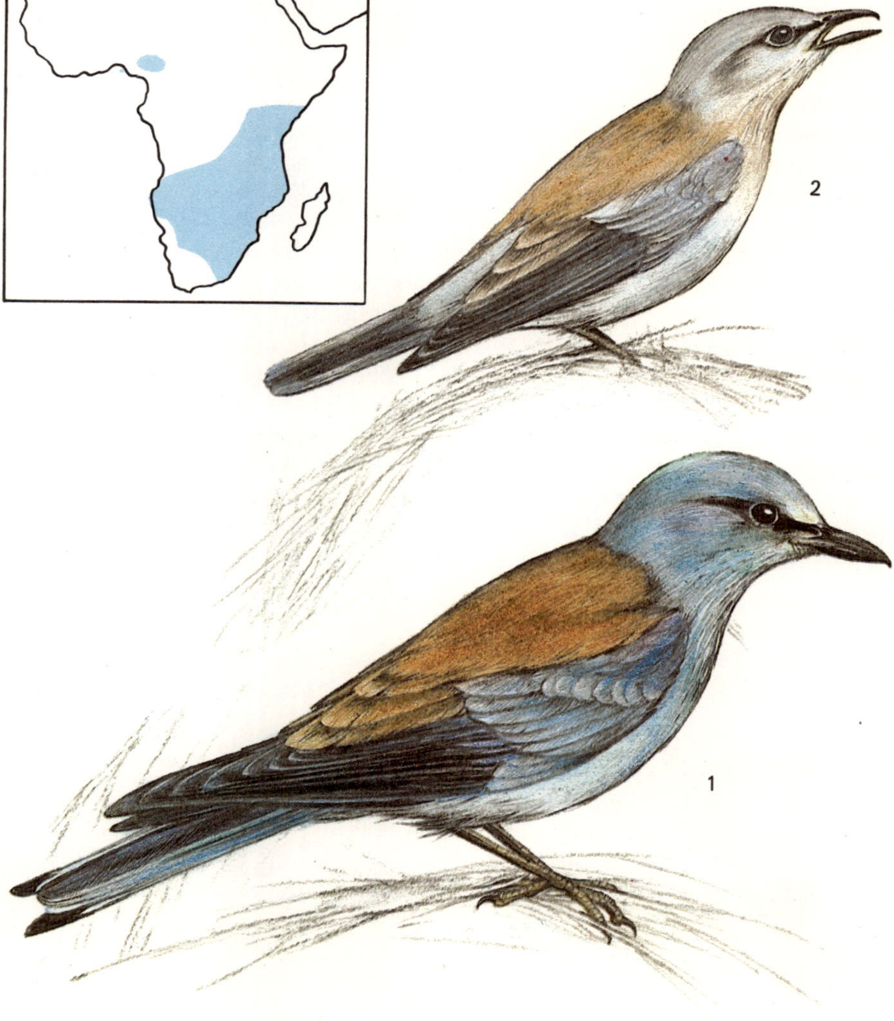

Huppe fasciée
Upupa epops

On peut rencontrer la huppe fasciée dans les régions au climat doux et tempéré d'Europe, d'Asie et d'Afrique. Au cours de ces dernières décennies, la partie européenne de son aire de répartition a progressivement diminué, les oiseaux désertant surtout le nord-ouest du continent. Au XIXe siècle déjà, la huppe fasciée avait disparu du Danemark et commencé de régresser en Europe centrale.

La huppe fasciée quitte son aire de nidification européenne de septembre à octobre pour se rendre sous les climats chauds d'Afrique équatoriale. Seuls certains individus hivernent dans les régions méditerranéennes. Les huppes sibériennes se dirigent en général vers l'Inde orientale et occidentale. Jusqu'à présent, il n'a pas été possible de déterminer la direction prédominante de la migration. Il semble que les oiseaux migrent isolés, largement éparpillés, en direction du sud-ouest et du sud-est et qu'il importe peu qu'ils proviennent d'Europe orientale ou occidentale. Ils reviennent sur leur territoire de ponte dès le début du mois d'avril. Les huppes fasciées affectionnent des paysages ouverts dans lesquels prédominent les pâturages et les vastes prés mais où ne doivent pas manquer les bosquets et les arbres creux, car la huppe niche dans les trous d'arbres. La femelle couve seule sa ponte qui compte 5 à 7 œufs. Elle ne quitte que très rarement l'arbre qui abrite son nid, lorsqu'elle a besoin de se dégourdir. Elle n'a aucun besoin de sortir car le mâle prend parfaitement soin d'elle en lui apportant les meilleurs aliments, de sorte qu'elle n'a pas à se préoccuper de la nourriture. Les huppes fasciées se nourrissent surtout de coléoptères, de diptères et d'hyménoptères, mais sont tout à fait capables de gober de petits vertébrés tels que les lézards.

La huppe fasciée est un oiseau bien connu. Par sa beauté, elle peut rivaliser avec les autres Coraciiformes (guêpiers, rolliers, martins-pêcheurs). Elle est un peu plus robuste qu'une tourterelle. Sa tête est coiffée d'une huppe bien marquée composée de plumes rousses aux extrémités noires (1). La huppe fasciée peut à volonté la replier ou la déployer en éventail. Son bec long, fin et pointu est légèrement incurvé vers le bas. Ses courtes et fortes pattes montrent bien que la huppe peut parfaitement se mouvoir au sol. On distingue la femelle du mâle aux couleurs plus ternes de son plumage et à sa plus petite taille.

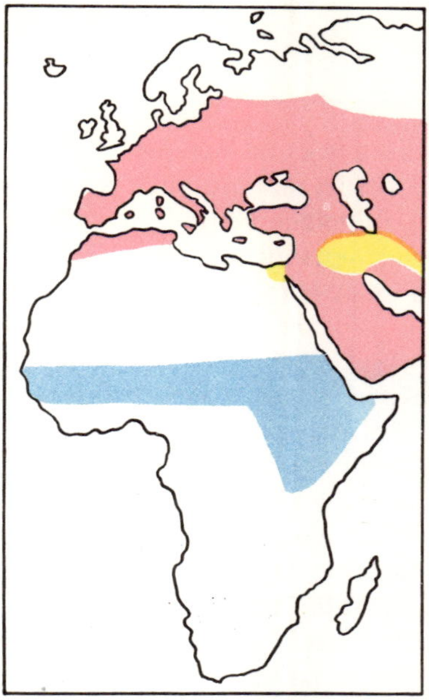

En vol (2), la huppe fasciée ressemble un peu au geai. Toutefois, son vol est plus saccadé et on aperçoit, même de loin, le dessin caractéristique noir et blanc de ses ailes.

Les huppes fasciées lancent dans leur territoire des «houp houp houp» graves.

1

Torcol Picidés
Jynx torquilla *Picidae*

Le torcol habite une aire assez étendue en Eurasie et en Afrique du Nord. Dans certaines régions d'Europe, surtout à l'ouest et au nord-ouest du continent, le nombre de ces oiseaux remarquables a diminué de façon notable au cours de ces dernières années. Les pays concernés sont surtout la Grande-Bretagne, le Danemark et une partie de la R.F.A. où le torcol a totalement déserté certaines régions. En Europe centrale, on a également noté une régression des effectifs.

Parmi les espèces appartenant à l'ordre des Piciformes, le torcol est le seul oiseau migrateur à franchir de grandes distances. Dans son cas, on peut parler de migrations graduelles: les populations septentrionales descendent jusqu'à l'aire de nidification des populations méridionales qui, quant à elles, migrent plus au sud. Le principal axe migratoire des torcols européens se prolonge en direction du sud-ouest; seule une partie de ces oiseaux se dirige vers le sud en survolant les Balkans. La migration automnale se déroule d'août à septembre. Les principaux lieux d'hivernage des torcols se trouvent en Afrique, dans une large bande située entre le Sahara et l'équateur, depuis le Sénégal, à l'ouest, jusqu'à la Somalie, à l'est.

En avril et en mai, les torcols réapparaissent sur leur territoire de ponte, se manifestant aussitôt par des cris plaintifs et mélancoliques. Ils aiment nicher dans les vieux jardins, dans les vergers et dans les paysages ouverts avec des allées de vieux arbres. Bien qu'étant un Picidé, le torcol ne sait pas grimper aux arbres et son bec ne lui permet pas de creuser le bois. C'est pourquoi il s'installe volontiers dans les trous creusés par d'autres Picidés ou dans les nichoirs. Le menu du torcol se compose essentiellement de fourmis et de leurs larves que l'oiseau ramasse habilement à l'aide de sa langue, longue et visqueuse. Mais, à l'occasion, il ne dédaigne pas les coléoptères, les chenilles ou les araignées.

Les tons gris et roux prédominent dans la coloration du torcol. Le dessous de son corps est nettement plus clair que le reste du plumage. Lorsqu'on l'examine de près, on constate que tout son corps est orné de lignes droites ou ondulées extrêmement fines, longitudinales ou transversales. Contrairement aux autres Picidés, son bec est faible et sa queue dépourvue de rectrices rigides. Grâce à la coloration protectrice de son plumage, c'est un oiseau qui passe très facilement inaperçu. On décèle plutôt sa présence à ses cris caractéristiques, des «coueh coueh coueh coueh» plaintifs.

Le torcol se pose sur les branches fortes, transversalement ou dans le sens de leur longueur. Lorsqu'il se nourrit au sol, il sautille, la queue levée. Il n'est pas très farouche. Lorsqu'on le surprend à proximité de son nid, il ne s'envole même pas, tentant au contraire d'intimider l'intrus par des sifflements et par des mouvements latéraux de la tête.

Alouette des champs
Alauda arvensis

Alaudidés
Alaudidae

L'alouette des champs ne parcourt que de courtes distances lors de ses migrations. Elle hiverne dans la partie occidentale et méridionale de son aire de répartition, ainsi que dans les régions situées un peu plus au sud. Les populations d'Europe centrale, septentrionale et orientale migrent pour l'hiver dans la région qui englobe la Grande-Bretagne et qui s'étend, à l'est, jusqu'à la Belgique et, au sud, jusqu'à la péninsule Ibérique. Le principal axe migratoire mène vers le sud-ouest.

L'alouette des champs niche dans presque toute l'Eurasie et aussi, par endroits, en Afrique du Nord-Ouest. En Europe, elle n'évite que l'extrême nord du continent. On la rencontre depuis la plaine jusqu'aux prés de haute montagne. Les steppes arides à l'herbe basse étant son habitat d'origine, l'alouette recherche un biotope analogue même dans une campagne cultivée.

Parfois, les alouettes des champs reviennent de leurs centres d'hivernage dès la mi-février, mais il arrive qu'elles soient retardées par le mauvais temps et qu'elles ne reviennent pas avant la fin du mois de mars. La migration de retour est beaucoup plus spectaculaire que celle d'automne. Les alouettes remplissent le ciel à cette occasion et leurs voix retentissent de partout. Elles migrent aussi la nuit, sans se taire pour autant. Leur baguage a révélé qu'elles sont très fidèles à leur patrie. Pendant de longues années, les alouettes reviennent au même endroit et s'accouplent aussitôt après leur retour des pays chauds. Le mâle siffle sans arrêt son air monotone et défend vaillamment son territoire contre ses propres congénères. Le nid des alouettes est soigneusement dissimulé. En un seul printemps, le couple peut élever deux couvées. En automne, les alouettes des champs se rassemblent en bandes et migrent entre septembre et novembre.

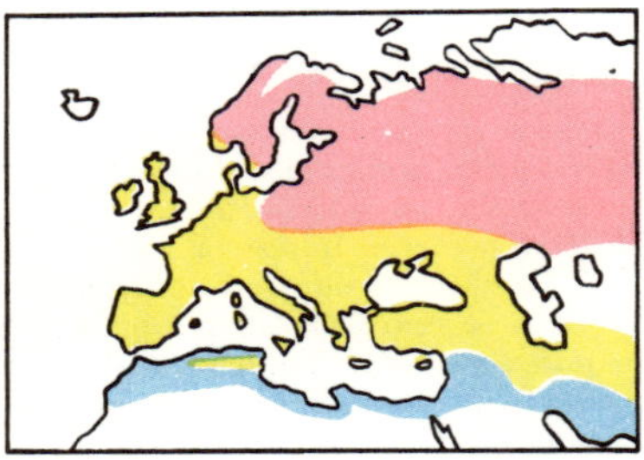

L'aspect de l'alouette des champs est extrêmement discret. Elle est à peine plus grande qu'un moineau. Les adultes ont une huppe peu visible sur la tête (1). Leurs sourcils clairs et les taches foncées bien délimitées qu'ils portent sur les joues sont plus apparents. Le dessus de leur corps brun clair est constellé de taches sombres. Le dessous est très clair avec des taches un peu plus foncées sur la gorge.

La longue queue comporte des rectrices externes blanches (2) et le bord postérieur de leurs ailes s'orne d'un liséré clair. L'alouette monte très haut dans le ciel en chantant, puis elle se tait brusquement et tombe comme une pierre, les ailes serrées contre le corps. Dans ses gazouillis et ses trilles, on arrive à distinguer l'imitation de la voix d'autres oiseaux.

2

1

Hirondelle de rivage — Hirundinidés

Riparia riparia — *Hirundinidae*

L'hirondelle de rivage habite une vaste aire en Eurasie et en Amérique du Nord. En Europe, on ne la rencontre qu'à l'extrême nord du continent. Elle apparaît à faible altitude, à proximité des cours d'eau et des étendues d'eau. Sociable, elle niche en colonies composées de dizaines voire de centaines de couples. Chaque couple creuse dans une paroi verticale sablonneuse ou argileuse une galerie longue de 70 cm, débouchant sur une chambre qui abrite le nid proprement dit. Le nid est sommairement garni de restes végétaux, de plumes et de poils. Après la ponte du dernier œuf, les deux parents couvent tour à tour et nourrissent les petits. L'hirondelle de rivage a une alimentation exclusivement animale composée d'insectes volants ou passivement emportés par les courants aériens ascendants («plancton aérien»). Lorsque le temps change subitement, l'hirondelle de rivage se livre aux mêmes migrations que le martinet noir.

Les hirondelles de rivage européennes s'envolent vers l'Afrique équatoriale ou australe de septembre à octobre, alors que les oiseaux d'Asie migrent en Inde et ceux d'Amérique du Nord dans la partie septentrionale de l'Amérique du Sud. Au cours de la migration, les hirondelles de rivage se joignent très souvent aux hirondelles de cheminée et les deux espèces passent la nuit dans les roselières. Elles réapparaissent sur leur territoire de ponte entre la mi-avril et la mi-mai.

2

L'hirondelle de rivage est en général moins connue que ses deux parentes très populaires, l'hirondelle de cheminée et l'hirondelle de fenêtre, commensales de l'homme. De plus petite taille que les deux autres espèces, l'hirondelle de rivage a le dos d'un brun-gris uniforme. Le dessous de son corps, d'un blanc sale, est interrompu par une bande foncée qui lui barre la gorge. Sa courte queue est moins échancrée que celle de l'hirondelle de fenêtre (1).

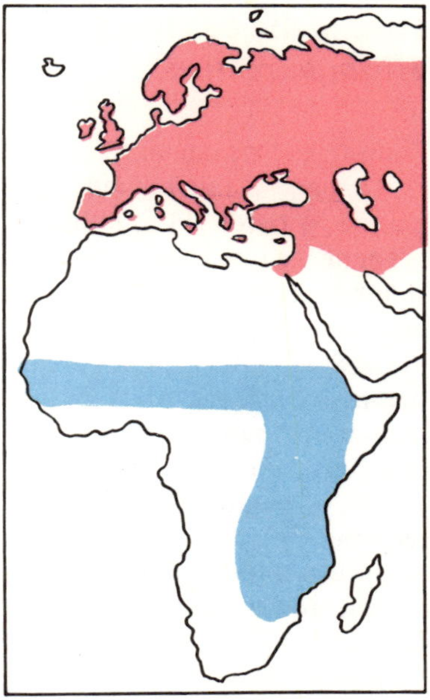

1

Son vol est rapide et adroit. Grâce à ses ailes falciformes et à sa queue peu fourchue (2), elle arrive à bifurquer brusquement en décrivant des courbes gracieuses, ce qu'on peut très bien observer en particulier lorsqu'elle chasse les insectes au-dessus de l'eau. Les mâles font entendre un gazouillis, un «tcherrp» destiné à séduire la femelle. Les «brouit» stridents sont des cris d'alarme.

Hirondelle de cheminée
Hirundo rustica

Hirundinidés
Hirundinidae

L'hirondelle de cheminée est presque aussi connue que le moineau car elle est commensale de l'homme. Elle habite pratiquement toute l'Europe et une grande partie de l'Asie et de l'Amérique du Nord. Toutes les hirondelles de cheminée, à l'exception d'une sous-espèce installée dans la vallée du Bas-Nil, sont rigoureusement migratrices. L'effort de baguage entrepris depuis de longues années a porté ses fruits: aujourd'hui, l'hirondelle de cheminée est l'oiseau migrateur volant à grandes distances le mieux étudié de tous les oiseaux chanteurs. Ainsi on a appris que les hirondelles britanniques hivernent en Afrique du Sud alors que celles d'Europe centrale se rendent en Afrique équatoriale, entre le Liberia et le Zaïre. L'Afrique orientale quant à elle abrite les populations d'Europe orientale et la plupart des oiseaux scandinaves et finlandais. Les couples restent fidèles pendant de longues années à leur lieu d'hivernage ainsi qu'à leur territoire de nidification. On estime que chaque année 220 millions d'hirondelles européennes hivernent en Afrique. Les populations asiatiques migrent en Inde, dans le sud de la Chine et aux Philippines alors que celles d'Amérique du Nord se rendent dans la partie septentrionale de l'Amérique du Sud.

Les hirondelles de cheminée ont le même comportement sur leurs lieux d'hivernage que sur leur territoire de nidification. Elles volent au-dessus de l'eau et au ras du sol, surtout à proximité des ongulés qui paissent, et chassent adroitement des insectes volants. Souvent elles profitent aussi de l'essaimage des fourmis ou des termites et ne dédaignent pas les criquets. Au printemps, elles reviennent sur leur aire de nidification vers la fin du mois de mars et en avril; en automne, elles s'envolent en septembre et en octobre.

2

A l'exception du front roux, tout le dessus de l'hirondelle de cheminée est noir avec des reflets métalliques (1). Sa gorge, également rousse, est bordée d'une teinte foncée. Son ventre est blanchâtre teinté de roux.

L'hirondelle de cheminée chante aussi bien au repos qu'en vol. C'est un babillage charmant dans lequel alternent des gazouillis de tonalités différentes. Son cri d'alarme est un «bivist» aigu, son cri d'appel un «tsvouit» plus doux.

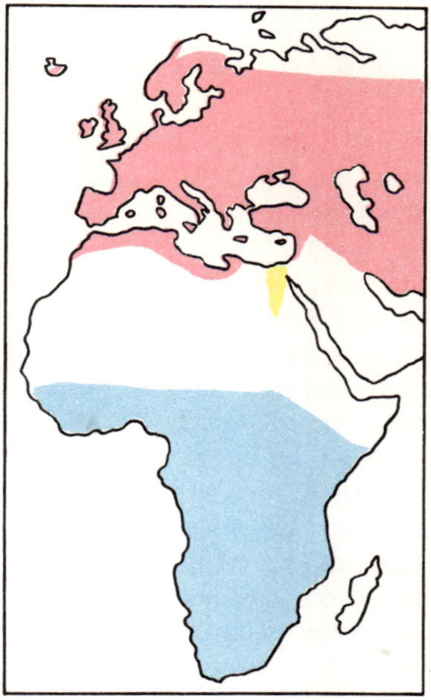

En vol (2), on remarque ses ailes falciformes étroites et sa longue queue fourchue, faiblement échancrée chez les immatures. Les hirondelles de cheminée volent vite et adroitement. Après la saison des nids, elles se regroupent par milliers et se reposent la nuit dans les roselières au bord des étangs avant d'entreprendre leur migration vers le sud.

Hirondelle de fenêtre *Delichon urbica*

Hirundinidés *Hirundinidae*

Contrairement à l'hirondelle de cheminée, l'hirondelle de fenêtre n'est répandue qu'en Europe et en Asie et évite l'Amérique du Nord. En Europe, on peut la rencontrer partout, sauf dans l'extrême nord du continent. Elle accompagne fidèlement l'hirondelle de cheminée; en montagne, elle est néanmoins plus fréquente que cette dernière. Elle niche sur les maisons, dans les villages comme en ville, le plus souvent en petites colonies qui peuvent être aussi assez importantes. A l'origine, elle nichait dans les parois rocheuses où, aujourd'hui, on n'a que peu de chances de la surprendre. Son régime alimentaire se compose essentiellement d'insectes volants qu'elle attrape habituellement dans l'air, chassant généralement plus haut que les hirondelles de cheminée. En septembre et en octobre, les hirondelles de fenêtre européennes s'envolent vers leur aire d'hivernage qui recouvre une superficie immense au sud du Sahara. Du point de vue des déplacements migratoires, elles font très certainement partie des oiseaux migrateurs qui nichent le plus à l'ouest. Bien que, chaque année, 90 millions d'hirondelles de fenêtre se rendent en Afrique pour y passer l'hiver, on ne sait pas exactement dans quel milieu cette masse immense d'oiseaux hiverne. Il est vrai qu'on observe les hirondelles de fenêtre de décembre à février, depuis la Gambie jusqu'au Kenya et vers le sud jusqu'en Afrique du Sud, mais toujours en petit nombre. On a émis toute une série d'hypothèses pour expliquer cette énigme. Dans la journée, les hirondelles de fenêtre chassent à des hauteurs considérables et il est impossible de les repérer du sol; cela expliquerait qu'elles passent inaperçues. Au début de notre siècle, on aurait observé d'immenses bandes d'hirondelles au bord d'un lac tanzanien, alors qu'elles se posaient dans les roselières pour y passer la nuit.

2

L'hirondelle de fenêtre a, comme ses parents proches, un bec remarquablement court mais largement fendu. Elle est plus petite qu'un moineau. Sa queue assez courte est faiblement échancrée (1). Le dessus de son corps, d'un noir uniforme, n'est interrompu que par le croupion blanc. Le dessous de son corps, en revanche, est d'un blanc éclatant même sur le menton. Ses ailes falciformes plus larges ne lui permettent pas de voler aussi vite que l'hirondelle de cheminée, mais elle se montre aussi habile. Son vol (2) se caractérise par une montée accompagnée de battements d'ailes, suivie d'une descente glissante.

Le cri d'appel du mâle est un «tsrr». Le cri d'alarme des hirondelles de fenêtre est un «sier-sier» aigu alors que leur chant est un gazouillis plus discret que celui de l'hirondelle de cheminée.

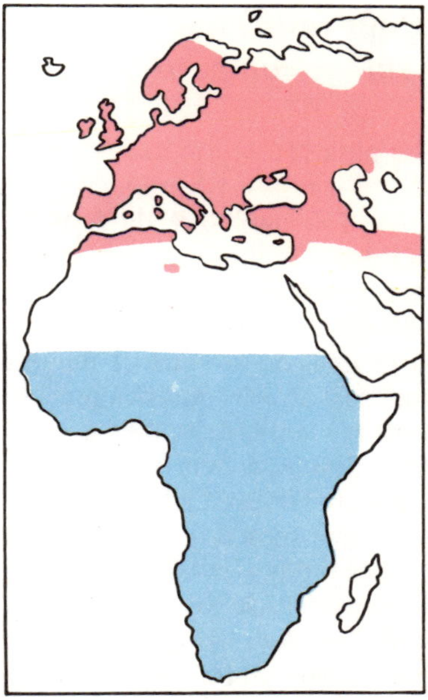

1

Pipit rousseline
Anthus campestris

Motacillidés
Motacillidae

Le pipit rousseline habite une grande partie de l'Eurasie et de l'Afrique du Nord-Ouest. En Europe, il manque en Grande-Bretagne dans une partie de l'ouest et du centre du continent, dans presque toute la Scandinavie et le nord-est. Il apprécie les terrains très secs à caractère steppique, les étendues sablonneuses ou pierreuses et les décharges à végétation rare, les terrils des mines. Le pipit rousseline est un oiseau migrateur sauf dans les régions nord-africaines de son aire de répartition. Il revient assez tard, en avril et en mai, sur son aire de nidification pour y bâtir son nid avec des plantes sèches à même le sol, dans une petite dépression, sous une touffe de végétation. Il se nourrit uniquement au sol. Sa nourriture se compose de différents insectes et de leurs larves, d'araignées, de mollusques et d'annélides. Les deux parents prennent soin de la progéniture.

Les pipits s'envolent vers leurs lieux d'hivernage dès le mois d'août et en septembre. A cette époque de l'année, on peut les voir par petits groupes, surtout dans les champs. Jusqu'à présent, on ne connaît pas suffisamment leurs routes migratoires. Certains oiseaux européens s'arrêtent dans le nord de l'Afrique et de l'Arabie, mais la majorité volent jusqu'aux savanes et steppes au sud du Sahara. Souvent, ils accompagnent le bétail aux pâturages pour chasser habilement les insectes orthoptères et les mouches, faisant ainsi concurrence aux bergeronnettes des ruisseaux (*Motacilla flava*) et à l'espèce locale de pipits, le pipit à dos uni (*Anthus leucophrys*).

Le pipit rousseline adulte (1) est à peine plus grand qu'un moineau. Le mâle ne diffère de la femelle que par son dos brun-gris. Celui de la femelle est marron, sans nuance grisâtre. La tête du pipit rousseline est rehaussée par un sourcil clair bien visible. Les rectrices externes

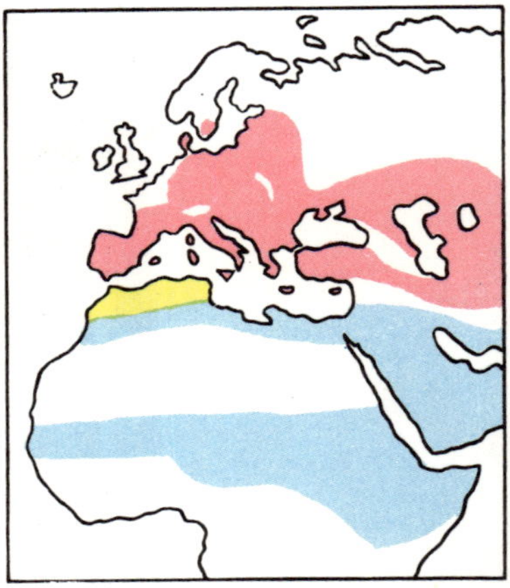

de sa queue assez longue sont bordées de blanc. Le dessous blanchâtre se teinte de beige sur la poitrine. Les jeunes oiseaux de l'année (2) ont le dos parsemé de taches nettes qui apparaissent également sur la poitrine et sur la gorge. Le pipit rousseline court avec agilité, perché sur ses hautes pattes claires. Lorsqu'il s'arrête, il a tendance à se redresser.

En vol nuptial il décrit une large courbe et chante son motif caractéristique, des «tsirtvitsirtvi» qui s'achèvent comme chez les autres pipits en même temps que le vol.

Pipit des arbres Motacillidés
Anthus trivialis *Motacillidae*

Le pipit des arbres habite toute l'Europe, à l'exception de l'Irlande et du nord-est du continent. La limite méridionale de son aire de répartition traverse l'Espagne, le sud de l'Irlande et les Balkans. L'oiseau apparaît également en Sibérie occidentale et en Asie. Le pipit des arbres affectionne les clairières et l'orée des forêts, mais peut vivre aussi dans les bois clairs.

Le pipit des arbres est migrateur sur la majeure partie de son aire de nidification; seules les populations des régions méridionales sont sédentaires. Une partie des pipits des arbres hivernent dans les régions méditerranéennes, en Asie Mineure et en Arabie, mais la plupart continuent leur migration jusqu'en Afrique équatoriale où se trouvent les principaux centres d'hivernage de l'espèce. On estime que 260 millions de pipits des arbres viennent y passer l'hiver. Ils y vivent dans un biotope très semblable à celui de leur aire de nidification. Les pipits réapparaissent sur leur aire de nidification en avril, début mai au plus tard. Peu après leur retour, les mâles lancent déjà leur chant pour marquer leur territoire de ponte. Les pipits des arbres nichent par couples isolés. Leur nid, artistement tressé en herbe sèche, mousse et racines, est soigneusement dissimulé dans l'herbe, le plus souvent près d'une touffe ou d'une saillie du terrain. La femelle est seule à couver, mais après l'éclosion des œufs, le mâle l'aide à nourrir les petits.

Les pipits des arbres se nourrissent au sol. Au printemps, leur nourriture se compose de différents invertébrés, surtout d'insectes et d'araignées, mais en été elle comporte aussi des graines dont la part ne cesse d'augmenter courant septembre et début octobre. Pendant cette période, les pipits des arbres qui migrent font souvent une halte dans les champs et dans les broussailles.

2

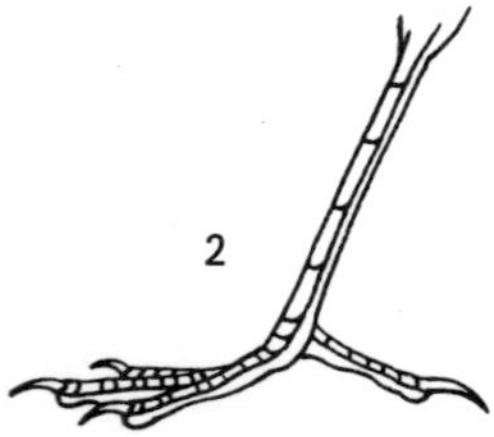

3

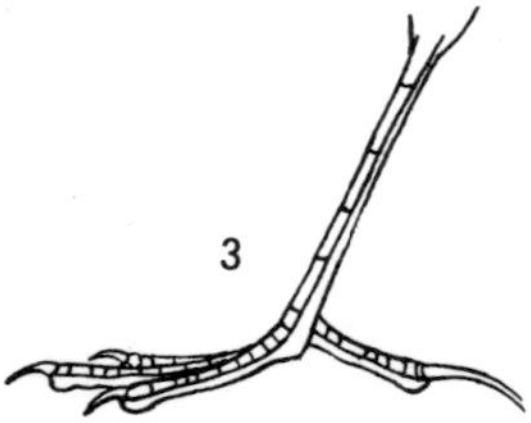

Le pipit des arbres est un oiseau commun sur son aire d'extension qui se fait surtout remarquer par son chant caractéristique. Ses trilles forts et répétés vont en s'accélérant et s'achèvent par une série de «tsia tsia tsia». En vol, le pipit des arbres offre un spectacle tout à fait particulier: son envol brusque est suivi d'une descente glissée alors qu'il tient la queue tournée obliquement vers le haut et les ailes largement écartées.

Le pipit des arbres rappelle un peu l'alouette par sa coloration. Sa poitrine est marron clair avec des taches foncées, sa gorge et son ventre sont blanchâtres (1). Il se distingue du pipit des prés (*Anthus pratensis*) qui lui ressemble par ailleurs énormément par sa coloration, son chant et son cri d'alarme. Le cri d'alarme du pipit des arbres est en effet «sib-sib» tandis que celui du pipit des prés est un «ist-ist» aigu. Le meilleur signe distinctif est la longueur de la griffe du doigt postérieur: celle du pipit des arbres (2) est nettement plus courte que celle du pipit des prés (3).

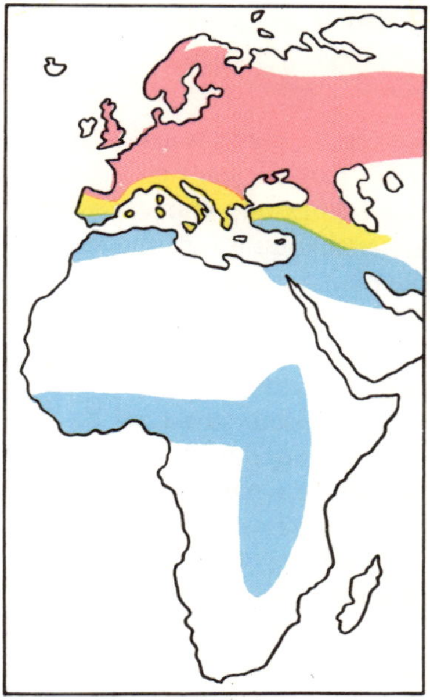

1

Pipit à gorge rousse
Anthus cervinus

Le pipit à gorge rousse niche dans la toundra européenne et asiatique et pénètre partiellement en Amérique du Nord. Il recherche des endroits très humides, presque marécageux, où poussent la laîche et les buissons. Ce n'est qu'en mai qu'il remonte des régions méridionales sur son aire de nidification. Le pipit à gorge rousse bâtit son nid avec de l'herbe, de la mousse et des poils dans une cavité, sous une touffe d'herbe, et le recouvre d'un petit toit en végétaux. La femelle est seule à couver la ponte qui compte 4 à 7 œufs, mais les deux parents nourrissent pendant deux semaines les petits qui éclosent au terme de deux semaines de couvaison. Compte tenu de la courte durée de la période végétative au Grand Nord, les pipits à gorge rousse ne nichent qu'une fois par an. En été, leur menu se compose surtout de petits insectes qu'ils ramassent au sol et sur la végétation. A la saison des nids, ils se nourrissent surtout de moustiques. En hiver, en revanche, ils se régalent de petits mollusques et de graines d'herbe.

Les pipits à gorge rousse partent pour leurs lieux d'hivernage depuis la fin du mois d'août jusqu'à début octobre. Ils survolent toute l'Europe en diagonale en direction du sud ou du sud-ouest et leur nombre s'accroît de l'est vers l'ouest. A cette époque, on peut les voir sur les champs et les prés, surtout à proximité des étangs. La principale aire d'hivernage des pipits s'étend sur les savanes au sud du Sahara, de sorte que seul un petit nombre de pipits européens hivernent dans les régions méditerranéennes. Ceux du nord de l'Asie se rendent pour l'hiver en Asie du Sud.

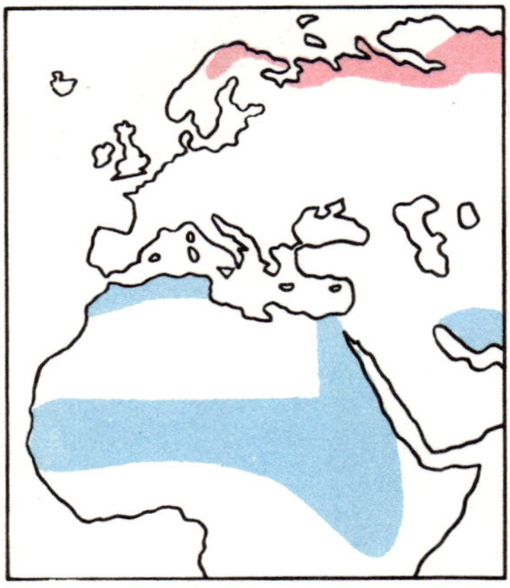

Le pipit à gorge rousse ressemble un peu au pipit des arbres, mais le dessus de son corps est plus foncé et ses flancs et son croupion portent des taches foncées. Pendant la période des amours, sa poitrine et sa gorge se teintent de différentes nuances de rouge (1). Cette coloration se caractérise par une grande variabilité, depuis des tons rougeâtres jusqu'à l'ocre soutenu. En automne, toutes ces nuances rouges disparaissent généralement, de sorte que le principal signe qui permet de distinguer le pipit à gorge rousse des autres pipits reste le dessous tacheté (2).

La voix du pipit à gorge rousse ressemble beaucoup à celle du pipit des prés. Son cri d'appel strident qui rappelle celui du bruant des roseaux est un «sciéh» ou «diie-e».

Bergeronnette printanière *Motacilla flava*

La bergeronnette printanière habite l'Afrique du Nord, l'Europe et l'Asie. Depuis le Nord-Est asiatique, elle a pénétré jusqu'en Alaska. De nombreuses sous-espèces de bergeronnettes vivent disséminées sur un vaste territoire qui s'étend des régions du Grand Nord aux contrées subtropicales. Au moins 11 sous-espèces d'Europe et d'Asie hivernent en Afrique, les autres se rendant en Asie. Les populations d'Alaska traversent le détroit de Béring, longent les côtes du Pacifique asiatique pour achever leur voyage aux Philippines et en Nouvelle-Guinée.

La subdivision en sous-espèces bien définies correspond aux différentes routes migratoires qu'elles empruntent et aux différents lieux d'hivernage. Il semble en effet que chaque sous-espèce ait son propre lieu d'hivernage. Ainsi, par exemple, la bergeronnette printanière à tête cendrée (*M. f. cinereocapilla*) qui niche en Italie, en Sicile et en Sardaigne hiverne au sud du Sahara, au Soudan et en Ouganda. La bergeronnette printanière mélanocéphale (*M. f. feldegg*) quitte l'Afghanistan et la région qui s'étend des Balkans à la Syrie pour s'envoler vers l'Afrique orientale, le Soudan, l'Éthiopie et la Somalie jusqu'au lac Édouard et au Kenya. La sous-espèce *M. f. flava* habite une vaste région délimitée au nord par le sud de la Scandinavie, au sud par le Midi de la France et à l'est par l'Oural, et hiverne en Afrique depuis le sud du Sahara, la vallée du Nil au Soudan et l'Éthiopie, jusqu'au sud du continent. On a également pu l'observer au Sénégal et au Nigeria. La bergeronnette printanière flavéole (*M. f. flavissima*) qui niche en Grande-Bretagne, aux Pays-Bas et sur les côtes françaises de l'Atlantique migre en Afrique, au sud du Zaïre. La bergeronnette printanière reste fidèle à ses lieux d'hivernage. Au Nigeria, on a pu l'observer 7 années de suite au même endroit. On estime que 70 millions de bergeronnettes se rendent chaque année en Afrique. La principale route migratoire des oiseaux européens mène en direction du sud-ouest; seules quelques populations septentrionales volent directement vers le sud. Les bergeronnettes reviennent sur leur territoire de ponte de mars à avril.

La bergeronnette printanière a la queue plus courte que les autres bergeronnettes. Par sa taille, elle fait penser à un moineau mince. Le mâle est vert-olive sur le dessus. Il a des rectrices externes blanches et, au printemps, le dessous de son corps devient d'un jaune lumineux. Les mâles de la sous-espèce *M. f. flava* (1) d'Europe centrale ont le sommet de la tête gris pâle, les joues foncées et le sourcil clair. La coloration de la femelle est analogue, mais plus terne (2). On arrive à distinguer les mâles des différentes sous-espèces grâce à la

3 ♂ 4 ♂ 5 ♂ 6 ♂

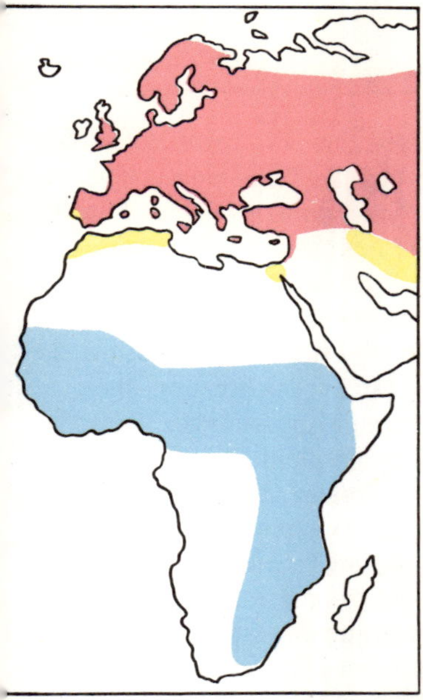

coloration et au motif de la tête. Outre la sous-espèce mentionnée plus haut, on rencontre en Europe *M. f. flavissima* (3) à tête jaune et d'autres sous-espèces à tête noire ou grise, telles que la bergeronnette printanière nordique (*M. f. thunbergi*) (4), *M. f. cinereocapilla* (5) et *M. f. feldegg* (6).

A la saison des nids, les bergeronnettes des ruisseaux recherchent les paysages des plaines plutôt humides, si bien qu'on peut les observer près des étangs et des cours d'eau, dans les roseaux ou sur les prés humides.

1 ♂

2 ♀

Jaseur boréal
Bombycilla garrulus

Bombycillidés
Bombycillidae

Le jaseur boréal est un représentant caractéristique de cette catégorie d'oiseaux qui parcourent de courtes distances lors de leurs migrations. Il niche au nord de l'Eurasie et de l'Amérique du Nord dans les forêts de résineux et les forêts mixtes aux sous-bois abondants, composés d'arbustes à baies. Après avoir quitté leurs lieux de nidification dans le nord de l'Europe, les jaseurs envahissent périodiquement presque toute l'Europe. Chez le jaseur boréal, on distingue trois types de migrations: la migration régulière, annuelle, pendant laquelle les oiseaux adoptent la direction du sud-ouest pour se déplacer ensuite selon les possibilités de subsistance; les semi-invasions au cours desquelles les jaseurs s'envolent simplement vers des lieux peu éloignés; enfin, viennent les invasions proprement dites pendant lesquelles les oiseaux quittent massivement leurs nids.

Parmi les Passereaux, le jaseur boréal est sans doute l'espèce pratiquant les invasions que l'on connaît le mieux. Sa popularité est aussi due à son allure élégante qui ne passe pas inaperçue, à sa voix exotique qui rappelle le son de clochettes ainsi qu'à son habitude d'hiverner dans les villes et les villages où il trouve de la nourriture en abondance, c'est-à-dire toute sorte de baies. On considérait autrefois les jaseurs comme un présage de pénurie car leur arrivée massive annonçait très souvent un hiver très rigoureux.

Le nid des jaseurs est souvent placé au faîte d'un arbre. Les deux partenaires participent à sa construction et tous les deux nourrissent leurs 3 à 6 petits qui éclosent vers la mi-juin. Ils leur apportent surtout des moustiques qui pullulent dans la forêt, surtout dans la taïga, pendant cette période de l'année. En dehors de la saison des nids, les jaseurs mangent des baies dont ils consomment des quantités impressionnantes car ils ont une digestion très imparfaite.

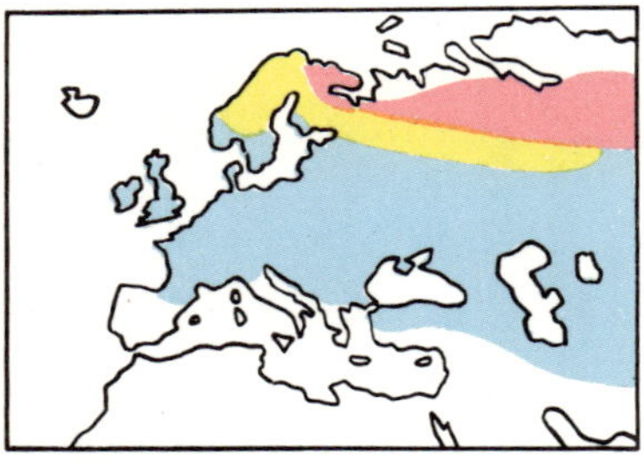

Rares sont les oiseaux qui ont un aspect aussi élégant et soigné que le jaseur boréal. Il a la taille d'un étourneau. Sa tête est surmontée d'une huppe bien apparente et la coloration fondamentale de son plumage soyeux est brune à reflets rosés. Son menton, sa gorge et ses rémiges sont noires, ces dernières étant en plus ornées de liserés jaunes et blancs. Sa queue foncée se termine par une bande jaune.

Sur les ailes et parfois aussi sur l'extrémité de la queue se détachent de petites plumes brillantes d'un rouge incarnat.

Le vol du jaseur boréal, très rapide, rectiligne et non dépourvu d'adresse rappelle un peu celui de l'étourneau. En hiver, on le voit rarement seul. Les jaseurs se réunissent en petits groupes aussi bien qu'en grandes bandes. Peu farouches, ils se laissent approcher, pleins de confiance, sans s'envoler. Leur cri «sirrr» retentit comme un trille.

Rossignol philomèle *Luscinia megarhynchos*

Turdidés *Turdidae*

L'aire de nidification du rossignol philomèle est assez restreinte. L'oiseau vit au sud de la Grande-Bretagne, en Europe occidentale, centrale et méridionale jusqu'à l'Ukraine, en Asie Antérieure et centrale et en Afrique du Nord-Ouest. C'est une espèce des forêts caduques de plaine dont le sol est couvert d'une couche épaisse de feuilles mortes et dont la strate arbustive est abondante. Les rossignols quittent discrètement leurs nids le plus souvent dès le mois d'août et en septembre pour se rendre en Afrique équatoriale. Les populations européennes se dirigent en général vers le sud-ouest, mais il n'est pas exclu que les oiseaux de la partie orientale du continent se dirigent vers le sud-est. Les principaux lieux d'hivernage des rossignols philomèles se trouvent au nord de la forêt équatoriale. En Afrique orientale, le rossignol philomèle niche en compagnie du rossignol progné (*Luscinia luscinia*). Dans cette région, on l'aperçoit le plus souvent dans la savane ou dans la brousse d'épineux.

En avril et au début de mai, les rossignols regagnent leur territoire de nidification. Leur migration s'effectue toujours la nuit. Les mâles en rut précèdent de quelques jours les femelles. Dès leur retour, ils se mettent à chanter sans retenue, tentant d'attirer la femelle par leur romance qui retentit jusqu'à la nuit. Le nid est généralement placé au sol ou immédiatement au-dessus du sol. La femelle le construit seule, avec des feuilles mortes et des herbes sèches puis elle en garnit l'intérieur avec les feuilles tendres des herbes et de petites racines. Elle est aussi seule à couver ses œufs vert brunâtre. Le mâle ne commence à intervenir que lorsqu'il faut nourrir les petits. Ceux-ci quittent le nid au bout de 11 jours, alors qu'ils ne savent pas encore voler. Les rossignols se nourrissent surtout d'insectes et de leurs larves, auxquels s'ajoutent des baies de toutes sortes au moment de la migration.

3

Le rossignol philomèle a la taille d'un moineau, mais il est beaucoup plus gracile. Comparé au rossignol progné (3), la teinte marron de son dos est plus claire, les ailes et la queue sont brun-roux. Sa gorge et son ventre sont blanchâtres. A l'âge adulte (1), sa poitrine ocre ne porte pas de taches alors que celle des immatures (3) est tachée de roux. Les rossignols se déplacent souvent au sol. Ils courent en tenant les ailes à moitié pendantes et la queue, qu'ils remuent, élevée. Si la nature a refusé au rossignol un plumage coloré, elle l'a doté, en revanche, d'une voix magnifique. Même s'il n'est pas vrai que le

rossignol chante seulement la nuit comme on le prétend souvent, c'est cependant la nuit que son solo produit son plus bel effet: des sons clairs et mélodieux alternent avec des trilles en crescendo. En chantant, l'oiseau se tient dressé sur la branche d'un buisson ou d'un arbre. Si un intrus tente d'approcher son nid, il pousse des cris graves «fit-karr-karrr». Son cri d'appel est fait de «tak tak» atténués.

Gorge-bleue à miroir
Luscinia svecica

Turdidés
Turdidae

Le gorge-bleue à miroir habite l'Eurasie et depuis peu l'Amérique du Nord. En Europe, sa répartition n'est pas régulière. Ainsi par exemple, il n'apparaît pas en Grande-Bretagne ni dans les Balkans. La sous-espèce *L. s. cyanecula*, le gorge-bleue à miroir blanc, habite une aire qui s'étend depuis la péninsule Ibérique vers le nord jusqu'à la Baltique, et vers l'est jusqu'à la Volhynie. A la saison des nids, la sous-espèce *cyanecula* recherche des biotopes humides, presque marécageux, dans un paysage ouvert où poussent à profusion la laîche, les roseaux et les saules buissonnants. La sous-espèce *L. s. svecica*, le gorge-bleue à miroir roux, peuple la toundra depuis la Scandinavie jusqu'en Alaska. Au cours de ces dernières années, on a eu la confirmation de sa présence en Autriche, aux environs de Salzbourg, et en Bohême, dans les monts des Géants. La sous-espèce *svecica* recherche pour nicher les milieux humides de la toundra nordique ou montagneuse, parsemée sporadiquement de saules bas, de bouleaux, de genévriers et de pins nains de montagne.

Les deux sous-espèces du gorge-bleue à miroir sont migratrices. Pendant la migration qui commence en août et s'achève en octobre, les oiseaux font halte dans la végétation du bord de l'eau, surtout dans les roseaux et dans les saules. Le vol s'effectue en un large front vers l'aire d'hivernage qui s'étend depuis la Méditerranée jusqu'aux savanes africaines, au nord de la forêt équatoriale. La sous-espèce *svecica* est plus fréquente en Afrique orientale que *L. s. cyanecula*.

Les gorges-bleues regagnent leur territoire de nidification de mars à mai. Leur nid est généralement placé au sol, bien dissimulé dans la végétation. L'espèce se nourrit principalement d'insectes, de mollusques et d'annélides.

En dépit de leur grande ressemblance, on arrive à distinguer les deux sous-espèces déjà citées grâce à la tache pectorale qui est blanche sur un fond bleu ciel chez le mâle de *L. s. cyanecula* (1) alors que celle du mâle de *L. s. svecica* est rousse (2). Les femelles (3) et les immatures de ces deux sous-espèces sont identiques. Les gorges-bleues à miroir n'atteignent pas même la taille d'un moineau. Ils sont brun foncé sur le dessus, leur tête est rehaussée d'un sourcil blanchâtre. Le bas de la gorge des mâles est bordé d'une bande noire, d'une fine rayure blanche et d'une plage rousse qui laisse peu à peu place au dessous blanc.

2 ♂

En dehors de la période de nidification, la gorge des mâles est blanchâtre, tachetée de bleu. Le cri d'appel des gorges-bleues est un «houit» doux ou un «tak-tak» plus percutant, alors que leur cri d'alarme est un «teurrk» guttural.

Rouge-queue noir ou **titys** — Turdidés
Phoenicurus ochruros — *Turdidae*

Le rouge-queue noir habite l'Europe méridionale, centrale et occidentale. En Scandinavie et en Grande-Bretagne, il apparaît seulement dans le sud. Il est également répandu en Asie. Les populations qui vivent au nord de son aire de répartition hivernent partiellement en Europe occidentale, mais la plupart des oiseaux se dirigent vers les côtes méditerranéennes, européennes ou africaines, vers le Soudan, l'Éthiopie, la Somalie et l'Arabie. Les populations asiatiques du rouge-queue noir migrent en Asie centrale et méridionale.

Pendant la période de nidification, on observe le rouge-queue noir à proximité des rochers nus, des éboulis et des habitations. Les oiseaux réapparaissent sur leur aire de nidification dès le mois de mars ou en avril, les mâles se hâtant d'occuper rapidement les territoires de ponte convenables. Les végétaux sont le matériau de base pour la construction du nid, dont l'intérieur est soigneusement garni de duvet et de poils. La ponte complète compte de 3 à 8 œufs blancs que la femelle est seule à couver. Le mâle apporte son aide au moment où il faut nourrir les petits. Les rouges-queues noirs quittent discrètement leurs nids de septembre à octobre pour se rendre dans les régions du sud.

Les invertébrés prédominent dans le régime alimentaire des rouges-queues noirs qui se jettent sur leur proie à partir d'un endroit surélevé, d'une pierre ou d'un bâtiment. En été et en automne, ils mangent souvent aussi des baies.

3

Le rouge-queue noir est un peu plus petit qu'un moineau. Les mâles, les femelles ainsi que les immatures ont la queue rousse. Sur le plumage gris foncé du mâle (1) le plastron noir charbon se détache bien. Certains individus ont un miroir alaire blanc bien visible même en vol (3). La femelle (2) gris fumée aux nuances brunâtres est plus claire sur le dessous. Après avoir quitté le nid, les petits rouges-queues sont encore plus clairs que la femelle.

Le rouge-queue est plus remarquable par son comportement que par son aspect. Il court vite, de manière saccadée, sur les rochers ou sur les toits, perché sur ses pattes qui fléchissent nerveusement, tout en secouant de façon spasmodique sa queue. Souvent, il fait entendre des «fit» brefs et aigus ou, lorsqu'il est irrité, lance des «tektek» secs comme des claquements de langue. Son chant court consiste en un trille initial suivi de sons grinçants.

Le rouge-queue à front blanc est un parent proche du rouge-queue noir. Il est commun en Europe (hormis certaines régions balkaniques), dans une grande partie de la Sibérie occidentale, en Asie Mineure, en Iran, en Irak et dans les régions environnantes. A la saison des nids, on peut le rencontrer dans les forêts caduques ou mixtes, dans les grands jardins, parcs ou cimetières où il apparaît en avril ou en mai. Le mâle précède sa compagne. Avant son arrivée, il doit trouver une cavité adéquate pour y construire le nid, occuper un territoire de ponte et le signaler par sont chant fort. Il aime aussi s'installer dans les nichoirs. La femelle garnit la cavité avec soin, puis elle pond 3 à 7 œufs bleu-vert qu'elle couve seule. Le mâle vient la nourrir de temps en temps. Les deux oiseaux prennent soin des petits en les nourrissant, dans un premier temps, d'invertébrés de toute sorte. C'est seulement en été et en automne que leur menu s'enrichit de baies.

Courant septembre, les rouges-queues à front blanc migrent vers leurs séjours d'hiver en respectant scrupuleusement la direction du sud-ouest. Ils sont capables de voler à une grande vitesse, franchissant en moyenne 150 km par jour. Ils se dirigent vers les régions chaudes situées au sud du Sahara. On peut également les apercevoir au sud de l'Arabie. On estime que 100 millions de rouges-queues à front blanc viennent hiverner en Afrique.

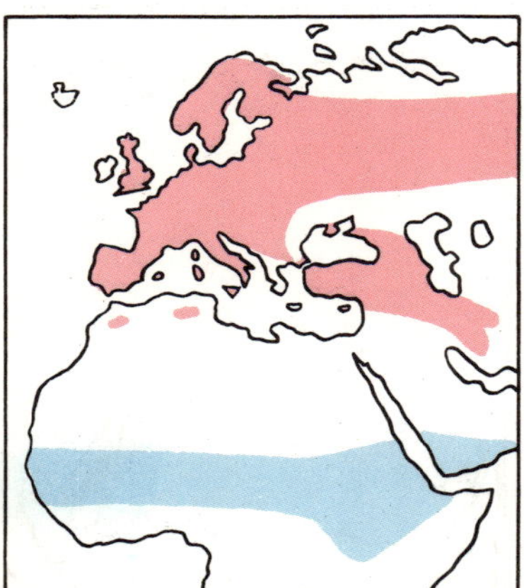

Le rouge-queue à front blanc a la même taille que le rouge-queue noir, mais le plumage du mâle (1) est beaucoup plus coloré. Son front et son sourcil blancs séparent la calotte grise de la tache d'un noir profond qui recouvre ses joues, son menton et sa gorge. Ses couvertures alaires inférieures et sa poitrine sont d'un roux vif qui s'estompe imperceptiblement sur le ventre (2). Après la mue, toute cette splendeur disparaît, cédant la place à des taches blanchâtres qui constellent la poitrine. La coloration de la femelle (3) est très discrète. Le brun-gris monotone prédomine sur son dos alors que le dessous de son corps est jaune-ocre. Les immatures ressemblent beaucoup à la femelle, mais ont le plumage tacheté d'une teinte claire. Mâles, femelles et jeunes ont tous la queue rousse. Leur vol est assez rapide et ondulé.

Le cri d'appel caractéristique, «fouid-tyk-tyk», se limite souvent à la première syllabe. Le chant est assez bref, mélodieux, avec un trille.

Traquet tarier
Saxicola rubetra

Turdidés
Turdidae

Le traquet tarier habite l'Europe, sauf ses régions les plus méridionales et septentrionales. C'est une espèce rigoureusement migratrice. Le traquet tarier quitte son nid dès le mois d'août ou en septembre pour prendre la direction du sud-ouest. Il survole la Méditerranée et le Sahara en une formation largement déployée. Tous les traquets tariers hivernent dans les savanes africaines, puis reviennent sur leur territoire de ponte en avril, par petits groupes. Ils affectionnent des prés humides à l'herbe haute et aux buissons clairsemés. Leur nid est dissimulé au sol, dans une touffe d'herbe. Bien que la femelle soit seule à le bâtir, le mâle l'accompagne sans cesse. Elle est également seule à couver, mais les deux parents nourrissent les petits. La nourriture principale des traquets tariers sont les insectes et autres petits invertébrés. Ils attrapent leur proie au vol ou la ramassent au sol.

Le traquet pâtre (*Saxicola torquata*) est un parent proche du traquet tarier. Bien que moins continue, son aire de répartition est beaucoup plus vaste. Hormis une partie de l'Europe, elle recouvre d'immenses régions en Asie, certains oiseaux pouvant nicher jusqu'en Afrique australe. Les populations européennes de ce charmant petit oiseau ne sont que partiellement migratrices. Le traquet pâtre recherche pour nicher des biotopes secs, des prés pauvres aux buissons isolés, des landes ou des remblais. Au cours de la migration, on peut l'apercevoir dans les champs et les prés. Il hiverne en Afrique du Nord, en Afrique équatoriale, en Asie Antérieure et du Sud.

Le dessus du traquet tarier (1) est brun avec des taches foncées. Les deux sexes ainsi que les immatures portent des sourcils blancs ce qui, avec le dessous blanc des rectrices externes, les distingue infailliblement du traquet pâtre. Une fine bande blanche sépare aussi les joues brun sombre de la gorge et de la poitrine ocre. La femelle (2) ressemble beaucoup au mâle, mais elle est, dans l'ensemble, beaucoup plus claire. Le cri d'appel du traquet tarier comprend des «iiv-iiv» et des «tec-tec» brefs.

Au printemps, on reconnaît le traquet pâtre (3) à sa tête, son dos et ses ailes d'un brun-noir uniforme et aux bandes blanches

3 ♂

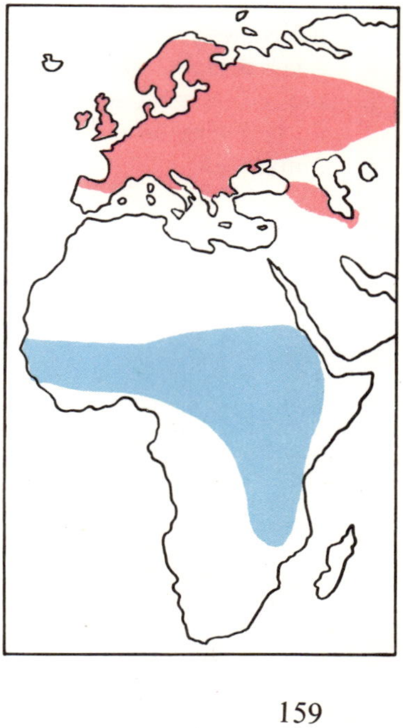

qui ornent les côtés du cou. Sa femelle ressemble beaucoup à celle du traquet tarier, mais elle n'a pas de sourcil blanc. Le cri d'appel de cette espèce est un «fit» auquel s'ajoutent les «kr-kr» roulés de son cri d'alarme.

Traquet motteux Turdidés
Oenanthe oenanthe *Turdidae*

Le traquet motteux habite toute l'Eurasie et il semble que depuis peu, il ait également pénétré en Amérique du Nord. Cette expansion s'est effectuée par deux voies: la première vague est venue en Alaska de l'Asie du Nord-Est, la seconde a abouti dans l'Ontario en provenance de l'Europe, en passant par le Groenland et le Labrador. Tous les traquets motteux, sauf les populations canadiennes, hivernent en Afrique. La migration des populations groenlandaises est particulièrement compliquée. Les oiseaux survolent en effet l'Atlantique, longent les côtes occidentales de l'Europe et achèvent leur voyage en Afrique équatoriale. Les traquets groenlandais constituent ainsi une exception, car la majeure partie des oiseaux migrateurs qui habitent le Groenland hivernent en Amérique du Nord d'où ils sont jadis venus pour peupler l'île. De même, les traquets motteux d'Alaska traversent toute l'Asie pour aller hiverner en Afrique, dans une région située entre le Cameroun et la Tanzanie. Mais les populations canadiennes hivernent dans le sud-est de l'Amérique du Nord.

L'habitat des traquets motteux se situe à n'importe quelle altitude, dans un paysage dégagé aux terrains pierreux. Les oiseaux quittent leur nid entre août et octobre. Pendant la migration, ils font souvent halte dans les champs. En hiver, ils vivent en Afrique dans les régions les plus arides, à l'orée du désert où prédominent les terrains caillouteux ou des terres à l'herbe rare. Là, ils se mêlent aux traquets locaux, les traquets du désert (*Oenanthe deserti*) et les traquets isabelle (*Oenanthe isabellina*). On estime que 12,5 millions de traquets motteux hivernent en Afrique sur une superficie atteignant seulement un tiers de leur aire de nidification. Ils regagnent leur territoire de ponte de mars à mai.

3 ♂

Le traquet motteux est un oiseau menu, pas plus grand qu'un moineau. Les individus des deux sexes ont le croupion, et partiellement les rectrices externes, blancs, ce qui contraste nettement avec leur queue noire. Ces deux tons sont bien apparents surtout en vol et vus de haut (3). Le plumage printanier du mâle (1) est multicolore. Tout le dessus de l'oiseau, y compris son occiput, est grisâtre, teinté de bleu. Le dessous de son corps est ocre pâle. Une bande d'un noir profond lui barre l'œil.

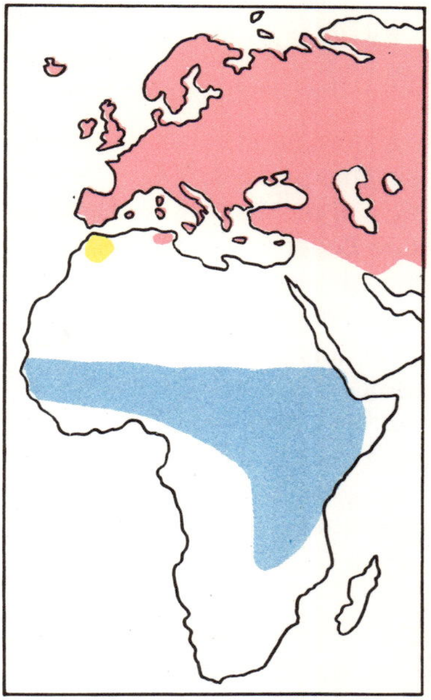

Ses ailes, son bec et ses pattes sont également noirs. La femelle (2) est brunâtre sur le dessus, claire sur le ventre. La bande de ses yeux est brune. Le mâle revêtu de son plumage d'éclipse ressemble à la femelle.

Le vol du traquet motteux est très gracieux. Au sol, l'oiseau court avec agilité en s'arrêtant fréquemment, en s'inclinant profondément et en secouant la queue. Son cri est un «uit tac tac» sec.

Merle de roche
Monticola saxatilis

Turdidés
Turdidae

Le merle de roche niche de nos jours dans une aire assez restreinte qui couvre le sud de l'Europe, le nord-ouest de l'Afrique et une partie de l'Asie. Au siècle dernier, il était plus fréquent en Suisse, nichant aussi sur le territoire de l'actuelle R.F.A., dans de nombreuses régions de Bohême et au sud de la Pologne. Il semble que son aire d'extension diminue sans cesse bien qu'on ait constaté qu'il nichait dans de nouveaux sites en dehors de son aire continue.

A la saison des nids, c'est-à-dire en avril et en mai, le merle de roche recherche des pentes sèches, chaudes et bien ensoleillées. Il affectionne les terrains à la végétation basse et rare, les tapis herbeux secs aux arbres ou arbustes épars. La femelle construit seule son nid. Elle le place dans un trou ou une simple dépression dans un rocher, dans une aspérité entre les pierres ou entre les racines d'un arbre. Lors de la construction, elle se sert de toutes sortes de végétaux. Elle couve seule, mais le mâle l'aide efficacement lorsqu'il faut nourrir les petits.

Le régime alimentaire des merles de roche se compose principalement d'insectes, complétés d'autres invertébrés tels que les mollusques ou les annélides. En été et en automne, ils se nourrissent aussi de fruits drupacés.

En août et en septembre, les merles de roche désertent leur territoire de nidification, les uns après les autres, pour se rendre en Afrique équatoriale en survolant la Méditerranée. A cette époque de l'année, on peut les rencontrer de l'ouest de l'Afrique Noire jusqu'à la Somalie. Comme sur leur territoire de nidification, ils aiment aussi s'installer dans les savanes sèches et les steppes.

3 ♂

Le merle de roche mesure 19 cm de long et pèse environ 50 g. Le mâle revêtu de sa livrée nuptiale (1) est de toute beauté, alors que la femelle (2) est un modèle de modestie et de discrétion. La tête, la poitrine, le dessus du dos et le croupion du mâle sont bleus, tandis que le bas du dos est blanc, les ailes sombres et le reste du plumage roux. La femelle est jaunâtre, parsemée de taches foncées.

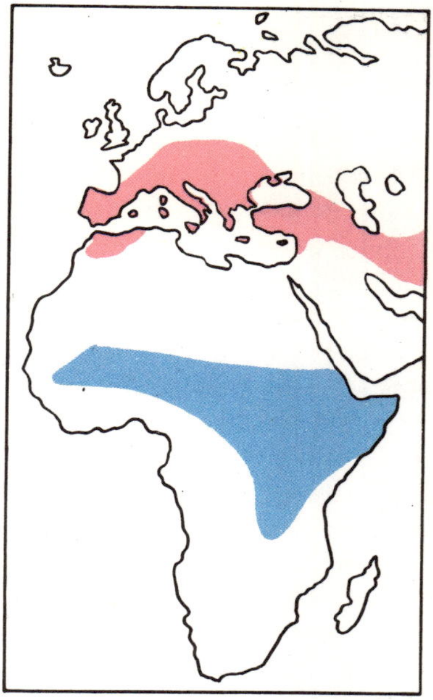

A l'instar de son parent proche, le merle bleu (*Monticola solitarius*) (3), le merle de roche se tient très droit. Le merle bleu habite l'Europe du Sud, l'Afrique du Nord et l'Asie. Il est sédentaire sur presque toute son aire de répartition ou hiverne près de la limite méridionale de ce territoire. Pendant la période des amours, le plumage du mâle est bleu foncé, celui de la femelle gris foncé avec des taches plus claires.

Les cris respectifs des deux espèces de merles, des «tak tak», sont très semblables.

Grive musicienne
Turdus philomelos

Turdidés
Turdidae

La grive musicienne est surtout répandue en Europe, mais on la rencontre également dans une grande partie de l'Asie. Elle n'évite que le sud du continent européen, c'est-à-dire une partie de l'Espagne, de la France, de l'Italie et de la Grèce. Les populations de grives musiciennes installées dans le sud et dans l'ouest de l'Europe sont partiellement migratrices et sédentaires. Les principaux lieux d'hivernage se trouvent dans le sud-ouest de l'Europe, en Afrique (jusqu'au Sénégal, au Soudan et à l'Éthiopie) et en Asie Mineure. Curieusement, les populations qui nichent plus au nord migrent davantage vers le sud que celles qui nichent à des latitudes plus basses.

Les premières grives musiciennes reviennent très tôt au printemps, parfois dès le début du mois de mars, sur leur territoire de nidification. Elles ne sont pas très exigeantes quant au milieu dans lequel elles nichent. Elles s'installent dans tous les types de forêts quel que soit l'âge des arbres et les espèces qui les composent. Elles sont également communes dans les bosquets, dans les forêts-galeries qui longent les cours d'eau et dans les jeunes forêts, et vivent volontiers à proximité des habitations (sans en être aussi proches cependant que le merle noir), dans les parcs, dans les vieux cimetières et dans les jardins.

Les grives musiciennes se nourrissent principalement de coléoptères, de mollusques, de chenilles et d'annélides sans dédaigner pour autant les autres invertébrés. Les fruits drupacés représentent un tiers de leur régime alimentaire. Les oiseaux se procurent leur alimentation carnée au sol et les fruits directement sur les arbres ou sur les buissons.

Le baguage a prouvé que les grives musiciennes sont très fidèles à leur territoire de nidification. De septembre à octobre, elles s'envolent vers leurs centres d'hivernage.

Presque tout le monde connaît la grive musicienne car elle vit souvent près des habitations. Au printemps, elle lance ses strophes brèves depuis le petit matin jusqu'au soir, perchée le plus souvent au faîte d'un arbre. A cette occasion, on peut apercevoir son ventre clair troué de taches sombres (1). Le dessus de son corps est d'un brun-olive discret.

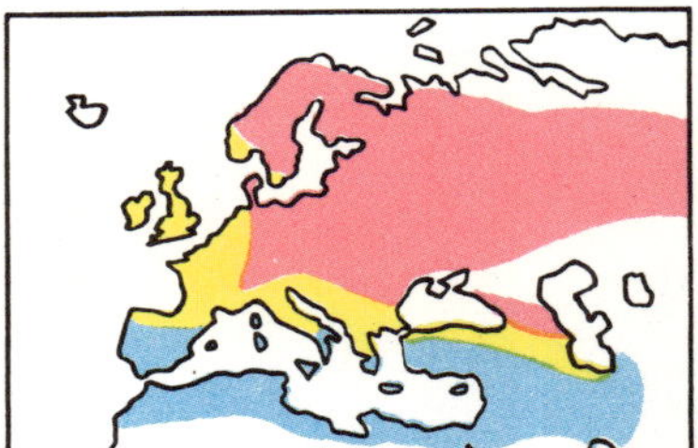

En vol, on remarque la face interne jaune de ses ailes (2). Il n'est guère possible de distinguer les sexes à partir de la coloration du plumage. On reconnaît en revanche les immatures à leur dos tacheté. Le vol des grives musiciennes se caractérise par une grande vitesse et des ondulations presque imperceptibles. Les grives musiciennes se déplacent au sol par de longs bonds rapides. Pour la migration, elles se regroupent en petites bandes lâches, sinon elles sont solitaires.

Leur cri d'appel se compose de «tsik-tsik» aigus, leur chant de motifs répétés, par exemple «di dio didio didio».

2

1

Grive mauvis

Turdus iliacus

Turdidés

Turdidae

La grive mauvis est un authentique habitant des régions septentrionales. Elle vit dans les forêts d'épicéas peu denses ou dans les bosquets de bouleaux, à proximité des tourbières ou autres terrains détrempés. Elle ne parcourt que de faibles distances lors de ses migrations. En mars ou en avril, les grives mauvis reviennent sur leur aire de nidification. Le mâle se met aussitôt à défendre bruyamment son territoire de ponte, perché dans un endroit surélevé, le plus souvent au faîte d'un arbre. La femelle construit seule son nid, en général dans les branches d'un arbre, mais parfois aussi dans un buisson et même au sol. Vraisemblablement, la femelle est aussi seule à couver, mais les deux parents réchauffent et nourrissent les petits qui viennent d'éclore.

Le régime alimentaire de la grive mauvis ne diffère pas beaucoup de celui des autres grives. Au printemps et en été, elle ramasse les insectes, les araignées, les mollusques et les annélides, en automne et en hiver elle se régale de baies et d'autres fruits drupacés qu'elle picore directement sur la branche d'un arbre ou d'un arbuste.

La grive mauvis vit en Islande, sur la péninsule scandinave, en Finlande et dans les régions septentrionales de l'Union soviétique jusqu'à la Sibérie orientale. Parfois, elle s'aventure hors de son aire de nidification pour venir nicher en Europe centrale. Ses lieux d'hivernage habituels se trouvent en Europe occidentale et dans la région méditerranéenne. Un petit nombre de grives mauvis hivernent en Europe centrale et, rarement mais régulièrement, en Afrique. La migration a lieu de septembre à novembre, surtout la nuit. Lors de leur voyage, les bandes de grives mauvis se manifestent par des sifflements aigus.

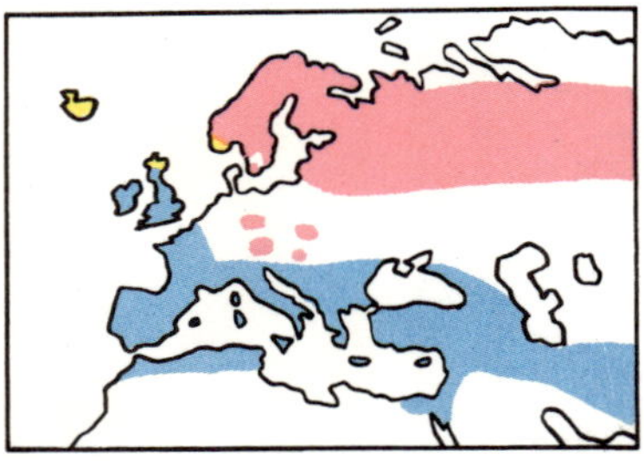

La grive mauvis est plus petite qu'un merle. Le dessus de son corps, y compris l'occiput et la queue, est brun. Sa tête est ornée de deux rayures claires, l'une au-dessus de l'œil, l'autre bordant sa joue. Sa gorge et sa poitrine jaunâtres abondamment parsemées de taches foncées se prolongent par un ventre blanc. Sur les flancs, des taches brun-roux ressortent nettement (1). Elles s'étalent jusque sur la face interne des ailes, détail bien visible, surtout en vol (2).

1

Les grives migrent en petites ou grandes bandes, souvent en compagnie des litornes. Au printemps, pendant leur retour, elles rivalisent d'ardeur en lançant leur chant. Leur vol est le même que celui des autres grives : très rapide et ondulé.

Le cri d'appel, «tsi», est la manifestation sonore la plus caractéristique de la grive mauvis. Le chant ordinaire est assez discret: il s'agit de tons flûtés interrompus par un doux gazouillis.

2

Grive draine
Turdus viscivorus

Turdidés
Turdidae

La grive draine habite toute l'Europe (hormis ses régions les plus septentrionales), le nord-ouest de l'Afrique et une partie de l'Asie. En Europe occidentale et méridionale, elle reste fidèle à son territoire de nidification tout au long de l'année. Ses autres populations, en revanche, migrent en septembre et en octobre vers les régions situées plus au sud qui correspondent en grande partie à la limite méridionale de l'aire de répartition de l'espèce. Grâce au baguage on a pu observer que la principale route migratoire des grives draines mène vers le sud-ouest.

Les grives draines réapparaissent très tôt sur leur territoire de nidification, généralement dès la fin du mois de février ou en mars. Peu après leur retour, les mâles occupent leur territoire et se signalent par un chant fort, perchés au sommet d'un arbre haut. Les grives draines nichent dans les hautes futaies de toutes sortes, de préférence à des altitudes assez élevées ou dans les forêts qui avoisinent les paysages ouverts. Depuis quelques années, surtout en Europe occidentale, elles s'approchent des habitations et nichent dans les parcs ou les grands jardins.

Les grives draines se reproduisent une ou deux fois par an. Leur régime alimentaire est mi-animal mi-végétal. Elles se nourrissent d'annélides, de mollusques, de coléoptères mais aussi de fruits drupacés et de baies de sorbier, de cerisier sauvage et d'églantier. En hiver, les baies de gui deviennent leur principale source de nourriture. L'engouement de la grive draine pour le gui est à l'origine de son appellation scientifique latine «*viscivorus*».

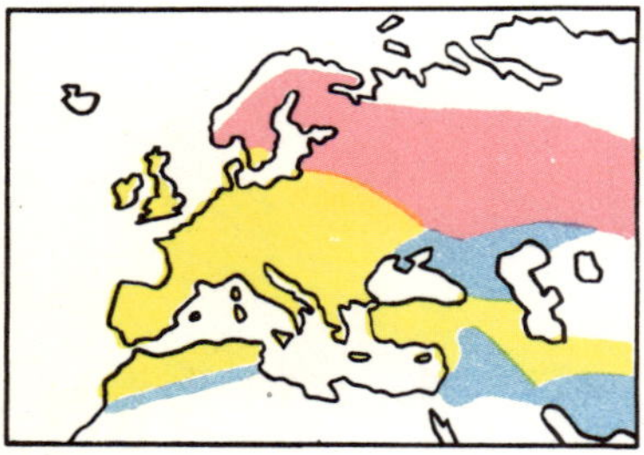

La grive draine (1) est la plus grande des grives européennes. A première vue, elle ressemble beaucoup à la grive musicienne. Sa tête, son dos et et sa queue sont bruns avec une nuance grisâtre. Le dessous de son corps, blanchâtre, est constellé de taches sombres. Les taches de la grive draine sont plus grandes que celles de la grive musicienne et en forme de goutte. La coloration du mâle est la même que celle de la femelle. Les immatures ont de nombreuses plumes jaunes et blanches sur le dos qui rendent leur plumage bariolé.

La grive draine vole vite en décrivant de longues ondulations peu marquées. Contrairement aux grives musicienne ou mauvis, la face interne des ailes de la grive draine est blanche (2). On reconnaît la grive litorne (*T. pilaris*), à peine plus petite que la grive draine, au dessus de ses ailes d'un brun profònd (3).

Le cri d'alarme de la grive draine est un «trrré» sec. Son chant se situe à mi-chemin entre celui du merle et de la grive musicienne. Si le temps est beau, elle fait entendre ses phrases même en hiver.

3

2

1

Locustelle tachetée *Locustella naevia*

Sylviidés *Sylviidae*

La locustelle tachetée est un petit oiseau à l'aspect très discret. Dans la nature, on a plus de chances d'entendre sa voix que de l'apercevoir. Elle habite une grande partie de l'Europe, évitant toutefois le sud du Portugal, de l'Espagne et de l'Italie, les Balkans, le nord de la Scandinavie et l'est de l'Europe.

Les locustelles tachetées vivent sur les terrains humides couverts d'herbe et parsemés de quelques buissons. On peut les rencontrer également, à partir du mois d'avril ou de mai, dans les clairières envahies par la végétation, ou dans la végétation rudérale composée de hautes herbes et de buissons. Le mâle chante son refrain monotone perché dans un endroit surélevé, généralement sur la branche d'un buisson. Il est probable que les deux partenaires prennent part à la construction du nid, profond et solide. De même, la couvaison et les soins apportés aux jeunes incombent aux deux parents. Les petits quittent le nid au bout de 10 à 11 jours, avant de savoir vraiment voler. Les locustelles tachetées se procurent leur nourriture en se faufilant à travers l'enchevêtrement dense des herbes et des arbustes. Il s'agit d'invertébrés de toutes sortes, surtout de petits insectes et de leurs larves.

En août et en septembre, les locustelles tachetées désertent peu à peu leurs territoires de ponte pour s'envoler vers leurs séjours d'hiver dont la localisation n'est pas encore connue de manière absolument certaine. Ils se trouvent probablement en Afrique du Nord-Ouest, en Afrique occidentale équatoriale (Sénégal, Sierra Leone) et en Afrique orientale (Éthiopie). Lors de leur migration, on a observé les locustelles au Maroc, en Mauritanie, en Algérie et en Tunisie. Une partie des populations du Sud-Ouest européen est probablement sédentaire.

2

La locustelle tachetée est un peu plus petite qu'un moineau. Le dessus de son corps brun aux nuances brun olivâtre est parsemé de taches foncées longitudinales. Un sourcil esquissé orne sa tête. Le blanc sale prédomine sur le dessous du corps, la poitrine porte de petites taches floues. Le bout de sa queue est arrondi (1). La coloration du plumage ne permet pas de déterminer le sexe de l'oiseau, ni, très souvent, son âge. En règle générale, la coloration des immatures est plus terne et plus sombre.

1

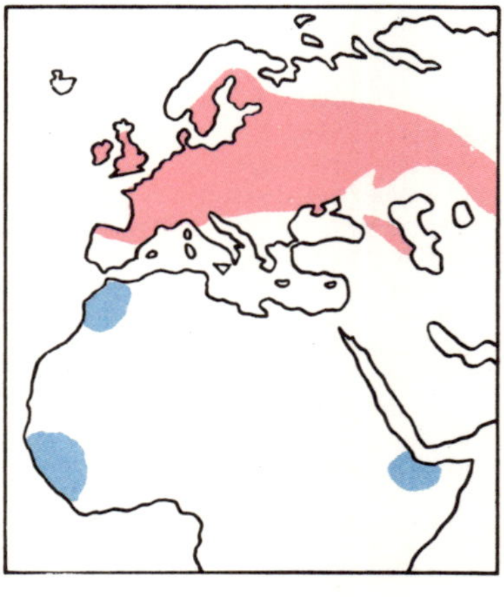

Le comportement des locustelles tachetées est caractéristique: elles se faufilent avec une grande agilité dans les herbes les plus denses, tête en bas. Ce n'est qu'en cas de besoin qu'elles s'envolent brusquement, pour aussitôt disparaître à nouveau un peu plus loin dans la végétation.

Le cri d'alarme des locustelles tachetées est un «tsitt» aigu. Lorsqu'elles chantent, ce qui leur arrive même au cours de la migration, elles se tiennent droites (2). Dans leur chant, qui est un «sirrrr» monotone pouvant durer plusieurs minutes et qui rappelle celui d'une sauterelle, on distingue nettement les «i».

Locustelle fluviatile Sylviidés
Locustella fluviatilis *Sylviidae*

Petit oiseau discret, la locustelle fluviatile ne diffère de la locustelle tachetée que par de menus détails. Elle ne niche qu'en Europe. Son aire de répartition assez restreinte s'étend de la R.D.A. à l'Oural. Au nord, elle pénètre dans le sud de la Finlande, au sud jusqu'à la mer Noire. C'est on oiseau rigoureusement migrateur. En août et en septembre, elle quitte son territoire de ponte pour se rendre dans le sud du Kenya, en Tanzanie, en Zambie, certaines populations prolongeant leur voyage jusqu'en Afrique du Sud. On ne sait pas encore où se rendent les locustelles fluviatiles après avoir quitté leur nid ni dans quel endroit elles séjournent jusqu'au mois de décembre, durant lequel elle survolent le Kenya en direction du sud. Lors de leur migration, on a surpris des oiseaux isolés en Libye occidentale et même en Algérie, ce qui signifie qu'il existe peut-être d'autres lieux d'hivernage ailleurs qu'en Afrique orientale.

Dans la seconde moitié d'avril et au début du mois de mai, les locustelles fluviatiles reviennent sur leur territoire de ponte. Elles nichent dans la végétation dense composée de plantes sous-ligneuses ou de buissons et qui constitue souvent les sous-bois des forêts de plaine. Elles s'accommodent aussi des taillis de saules ou d'aulnes, près des étangs et des ruisseaux, ou de tout endroit humide situé dans d'autres types de forêt. Elles se nourrissent exclusivement d'invertébrés qu'elles ramassent sur les feuilles des plantes et des arbustes ou, plus rarement, directement au sol.

La locustelle fluviatile a la même taille que la locustelle tachetée. Elle est brun olivâtre sur le dessus avec des sous-caudales rousses. Sa gorge, sa poitrine et son ventre sont blanchâtres. Sa poitrine, brun clair sur les côtés, porte des taches à peine perceptibles. La face interne de sa queue arrondie est en majeure partie recouverte de sous-caudales gris-jaune. Les immatures sont dans l'ensemble plus foncés.

Dans des circonstances normales, la locustelle fluviatile ne se montre pas beaucoup. C'est seulement lorsqu'elle chante qu'elle se perche, un peu plus en vue, sur une branche d'arbre ou d'arbuste pour y lancer son chant fort.

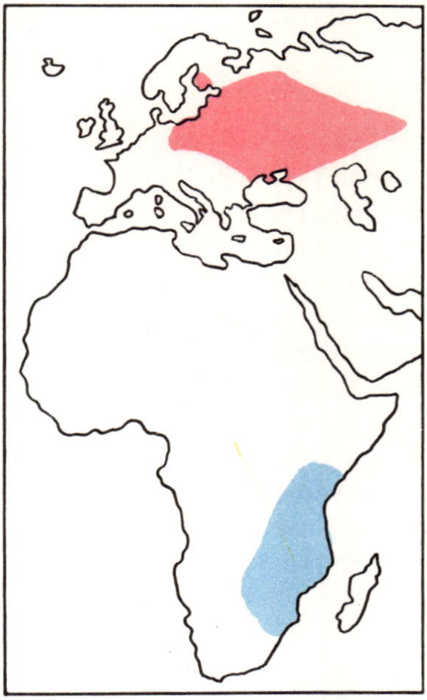

En chantant, le mâle tourne sur lui-même, ce qui donne l'impression qu'il s'éloigne ou s'approche de l'observateur. Le cri d'appel et le cri d'alarme sont très semblables: dans les deux cas, ce sont des «tek» qui ne diffèrent que par l'intonation. Le chant habituel est une série de «dzetdzetdzetdzet» qui se répète et dont la longueur varie.

Locustelle luscinioïde Sylviidés
Locustella luscinioides *Sylviidae*

La locustelle luscinioïde peuple une partie de l'Europe, de l'Asie et de l'Afrique du Nord. Son aire de répartition est éclatée en plusieurs régions isolées. En Europe, on la rencontre dans le sud de l'Espagne, dans le sud de la Grande-Bretagne, en France et sur le reste du continent en direction de l'est. Elle évite en revanche le sud de l'Italie, les Balkans et une grande partie de l'Europe du Nord.

Les locustelles luscinioïdes affectionnent particulièrement les roselières ou les endroits humides où poussent de hautes laîches. Elles apparaissent sur leur aire de nidification au mois de mai. Le mâle défend un territoire de nidification assez vaste (pouvant recouvrir jusqu'à 7 000 m^2) qu'il délimite par son chant. Les deux oiseaux prennent part à la construction du nid, à la couvaison et aux soins apportés aux petits. Le nid, fixé sur les tiges des plantes, est généralement placé au ras du sol, dans les roseaux ou les laîches denses. L'alimentation des locustelles luscinioïdes est exclusivement animale, et se compose surtout de petits arthropodes peu mobiles. Elles les ramassent sur les feuilles ou parfois même sur la surface de l'eau en se faufilant dans les couvertures des roseaux et des laîches. A l'instar des autres locustelles, elles quittent leur territoire de ponte en août et au début du mois de septembre pour se diriger vers leur aire d'hivernage située en Afrique équatoriale. Comme on n'en a jamais observé en Asie pendant l'hiver, on peut supposer qu'elles migrent toutes en Afrique. Leurs routes migratoires restent peu connues, en dépit de quelques maigres résultats de baguage qui indiquent qu'en Europe les oiseaux suivent la direction du sud ou du sud-est.

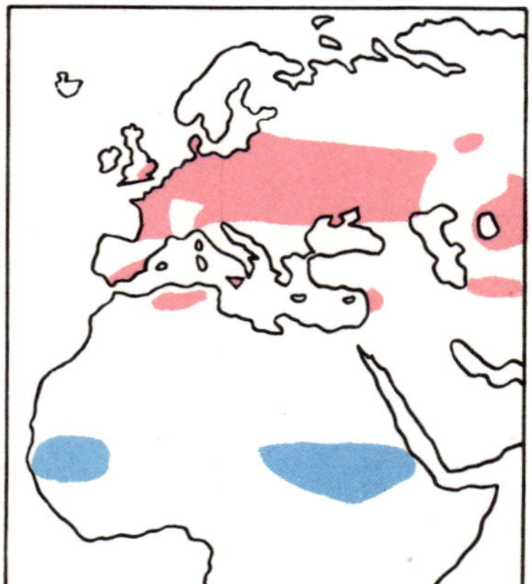

A peine plus grande que les locustelles tachetée et fluviatile, la locustelle luscinioïde s'en distingue surtout par sa coloration: elle est, en effet, brun roussâtre sur le dessus et sans rayures (1). Comparée à celle des rousserolles (2), la queue des locustelles (3) est formée de plumes de longueurs différentes. Bien que parmi les trois espèces citées, la locustelle luscinioïde soit celle qu'on a le plus de chances de voir au-dessus des roselières, on l'entend plutôt qu'on ne l'aperçoit.

Son chant, pourtant moins mélodieux, rappelle beaucoup celui de la locustelle tachetée. On distingue plutôt dans sa voix grave des «e» à la place des «i» comme des «eurrr» qui ressemblent aussi aux manifestations sonores des courtilières. Son cri d'alarme est un «pitt» fort, son cri d'appel est un «tsik» doux.

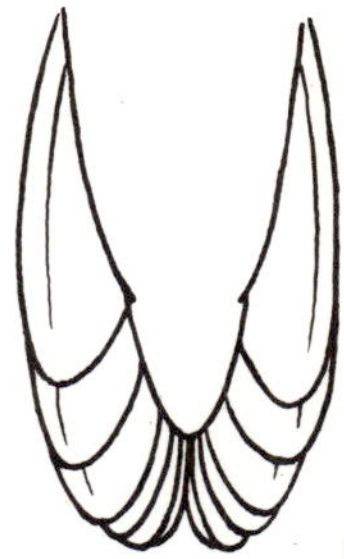

2

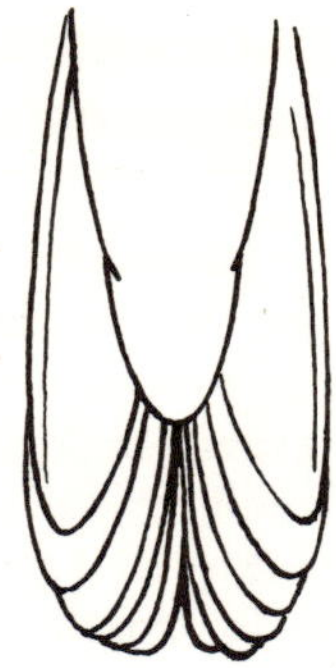

3

1

Phragmite des joncs — Sylviidés
Acrocephalus schoenobaenus — *Sylviidae*

Le phragmite des joncs est un oiseau exclusivement migrateur. Ses populations européennes migrent de juillet à septembre, parfois jusqu'en octobre, au-dessus d'une vaste zone allant du sud-ouest au sud-est. Les phragmites hivernent en Afrique, depuis le Nigeria, le Soudan et le Kenya jusqu'au sud du continent. On a également signalé leur présence en hiver au Sénégal, ce qui permet de supposer qu'ils sont plus fréquents en Afrique occidentale qu'on ne le pensait jusqu'à présent. Sur leurs lieux d'hivernage, ils montent à une altitude qui varie entre 1 800 et 2 400 mètres.

Les phragmites des joncs regagnent leur aire de nidification en avril et en mai. Ils nichent sur un territoire assez vaste qui s'étend sur l'Afrique du Nord, le nord de l'Espagne, une grande partie de l'Europe jusqu'en Sibérie occidentale, et l'Iran. On les rencontre dans la végétation poussant sur les rives des étendues ou des cours d'eau où ne doivent pas manquer des arbustes isolés ou des arbres bas; mais ils peuvent tout aussi bien s'installer dans un champ de blé. Les phragmites trahissent surtout leur présence par leur chant fort. En mai, le couple se met à bâtir un nid solide en racines, tiges d'herbe et mousse qu'il tisse avec les végétaux de l'année précédente. Il arrive souvent que le nid soit directement posé au sol. Le mâle comme la femelle couvent les œufs et les deux parents élèvent les jeunes. L'élément carné prédomine dans le régime alimentaire des phragmites des joncs, complété en automne seulement par des fruits de sureau ou de groseillier.

Le phragmite des joncs (1) atteint à peine la taille d'un moineau. Son dos est brun avec des rayures foncées longitudinales, son croupion sans rayures est brun-rouge. Le dessous de son corps blanchâtre teinté de jaune devient roux sur les flancs. Le sourcil clair contraste avec ses joues brunâtres. Sur l'occiput, on remarque une autre bande fine, ocre et moins bien dessinée que celle du sourcil.

Le phragmite aquatique (*A. paludicola*) (2), proche parent du phragmite des joncs, a la bande occipitale bien dessinée. On peut l'observer pendant la période de nidification dans les vastes couvertures de laîche, sur un territoire qui s'étend depuis les Pays-Bas et la Belgique jusqu'à l'Oural.

2

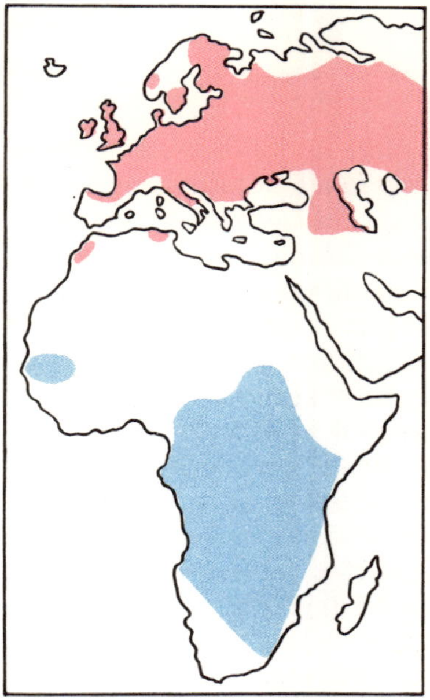

Le cri d'appel du phragmite des joncs se compose de «tek» durs, son cri d'alarme d'une série de «tektektek». Son chant ordinaire est un mélange rapide et fort de sifflements flûtés, frottés et grinçants. Le mâle s'envole souvent en chantant, les ailes à moitié déployées, pour se reposer aussitôt.

1

Rousserolle effarvatte Sylviidés
Acrocephalus scirpaceus *Sylviidae*

La rousserolle effarvatte habite une grande partie de L'Europe, évitant certaines régions de la Grande-Bretagne, presque toute la Scandinavie et de vastes étendues dans le nord-est du continent. Elle apparaît aussi par endroits en Afrique du Nord et en Asie Antérieure et centrale. Pour l'hiver, elle s'envole toujours vers l'Afrique. Les oiseaux qui nichent en Europe occidentale et centrale migrent en direction du sud-ouest, les populations installées dans les régions plus orientales (celles qui habitent par exemple les bords du lac Neusiedl à la frontière austro-hongroise) se dirigent vers le sud-est, en survolant l'est de la Méditerranée. Les principaux centres d'hivernage des rousserolles effarvattes se trouvent dans la région du Haut-Nil, au Kenya, au Zaïre, en Tanzanie et en Zambie. Certains individus, toutefois, passent l'hiver en Afrique occidentale et dans les pays côtiers du golfe de Guinée.

Les rousserolles effarvattes regagnent leur aire de nidification en avril ou en mai. Ce sont des habitants caractéristiques des roselières denses mais pas nécessairement très vastes. Les mâles réapparaissent les premiers sur le territoire de ponte. Aussitôt après leur retour, ils se mettent à chanter et à défendre leur domaine. Le territoire de ponte des rousserolles effarvattes, peu spacieux, ne dépasse pas en général 600 m² et les nids y sont placés très près les uns des autres. La femelle, secondée efficacement par le mâle, tresse son nid en l'attachant aux tiges des roseaux, au-dessus du sol, mais couve seule sa ponte qui compte 3 à 5 œufs. Les deux parents nourrissent les petits. Les rousserolles effarvattes quittent leur nid le plus souvent dès le mois d'août, certaines s'attardent parfois jusqu'à la fin du mois de septembre. Sur leurs lieux d'hivernage, elles s'installent dans la végétation des marais.

Tout le plumage de la rousserolle effarvatte (1,3) est dans les tons marron. L'oiseau est brun sur le dessus avec une nuance roussâtre, blanchâtre teinté d'ocre sur le dessous. Le tour de ses yeux est clair, ses pattes sont foncées. On peut confondre facilement la rousserolle effarvatte avec la rousserolle verderolle (*A. palustris*) (2,4), mais on arrive tout de même à l'identifier grâce à la disposition de ses rémiges primaires (formule alaire) et à la couleur de ses pattes. Le chant reste cependant le critère de reconnaissance le plus sûr: dissimulée quelque part dans les roseaux, la rouserolle effarvatte répète inlassablement sa strophe «tiri-tiri-tcher-tcher-tchiri-tchiri». Son cri d'alarme est un «chkarr» sonore. La rousserolle verderolle se montre bien moins exigeante en ce qui concerne son habitat. On la voit souvent loin de l'eau, dans les

2

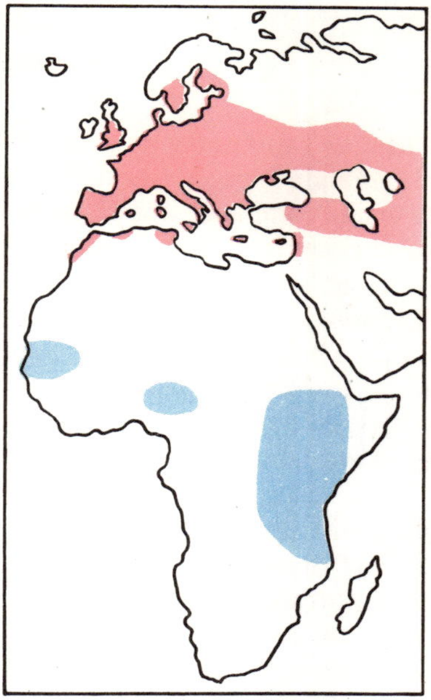

broussailles ou dans les halliers denses où elle lance un chant totalement différent de celui des autres rousserolles. Il est fait de tons flûtés, frottés et grinçants, ou des imitations des voix des autres oiseaux. Son cri d'alarme est un « tetetek » sec.

1

3

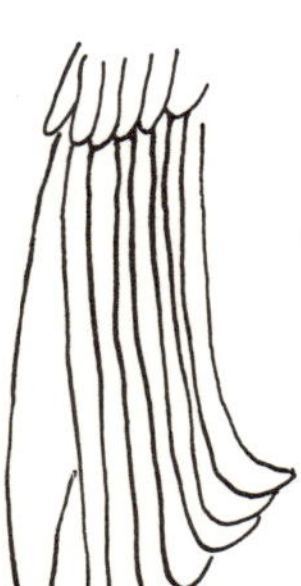

4

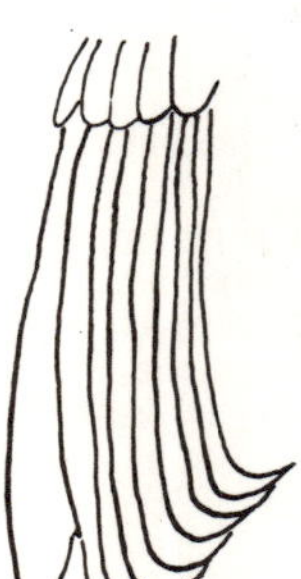

Rousserolle turdoïde
Acrocephalus arundinaceus

Sylviidés
Sylviidae

La rousserolle turdoïde habite une grande partie de l'Europe, le nord-ouest de l'Afrique et l'Asie. En Europe, elle évite la Grande-Bretagne, la majeure partie de la Scandinavie et les régions du nord-est du continent. Elle vit de façon discrète dans les roselières hautes et denses qui abritent aussi son nid (2). Les rousserolles turdoïdes migrent régulièrement pour l'hiver dans les contrées méridionales. Les populations européennes et une partie des populations asiatiques hivernent en Afrique. Les lieux d'hivernage d'Asie du Sud servent de refuge pendant la mauvaise saison aux oiseaux d'Asie orientale. Les populations européennes migrent éparpillées en direction du sud-ouest ou du sud-est. Au cours de leur migration, on peut les observer dans les champs.

L'aire d'hivernage des rousserolles turdoïdes s'étend partout en Afrique au sud du Sahara, sauf en Éthiopie et dans l'ouest de l'Afrique du Sud. Sur leurs lieux d'hivernage, elles ne sont pas rigoureusement tributaires des roselières. Au Sénégal, elles s'installent dans la végétation des marécages, au Nigeria dans les hautes herbes denses, à proximité des cours d'eau et même, par endroits, dans les buissons. Au Kenya, on a pu les observer dans les roseaux, dans les papyrus ainsi que dans les buissons épineux. Curieusement, elles chantent et défendent leur territoire même pendant leur séjour d'hiver.

Les mâles arrivent les premiers sur leur aire de reproduction, vers la fin du mois d'avril et courant mai. Dès leur retour, ils occupent leur territoire de ponte qu'ils défendent avec intrépidité, même contre les rousserolles effarvattes. Les femelles n'apparaissent que plus tard; elles laissent s'écouler deux semaines avant de se joindre aux mâles en rut.

2

La rousserolle turdoïde (1) ressemble à une rousserolle effarvatte mais elle est plus grande. Plus petite et plus gracile qu'un merle, elle est brun-roux foncé sur le dos et ocre sur le dessous du corps. Un sourcil clair surplombe son œil. La coloration du plumage ne permet pas de distinguer les sexes. Les immatures ont un sourcil jaune bien net et le ventre roussâtre.

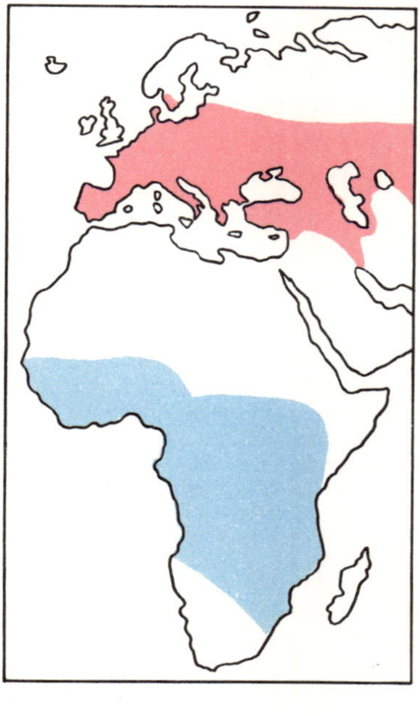

La rousserolle turdoïde est la plus démonstrative de toutes les rousserolles. On peut l'apercevoir fréquemment quand elle vole rapidement, en ondulant, au ras des roseaux. Elle n'échappe pas non plus à l'attention lorsqu'elle se faufile dans les roseaux, trahie par le bruissement et les frémissements des tiges. On entend de loin sa forte voix coassante, des «kara kara, krik krik, hit hit». En chantant, elle grimpe de plus en plus haut sur une tige de roseau. Son cri d'alarme est un «krrr» rude, son cri d'appel un «tak tak» plus doux.

Hypolaïs ictérine
Hippolais icterina

Sylviidés
Sylviidae

L'hypolaïs ictérine est l'habitant caractéristique des bosquets clairs, des forêts clairsemées, des jardins envahis par la végétation et des parcs. Plus fréquent à faible altitude, il n'est pas rare pour autant à des latitudes plus élevées. Il est surtout répandu en Europe et ne pénètre que sporadiquement en Asie. En Europe du Sud-Ouest, il cède la place à une espèce très proche, l'hypolaïs polyglotte (*H. polyglotta*), et évite par ailleurs la Grande-Bretagne, les Balkans et les régions du continent situées le plus au nord et au nord-est. L'hypolaïs ictérine migre régulièrement en Afrique pour y passer l'hiver. Les voies migratoires d'Europe septentrionale et centrale se réunissent dans la région méditerranéenne, si bien que les oiseaux qui nichent à l'ouest de l'Europe se dirigent plutôt vers le sud-est tandis que les populations de la Scandinavie et de l'Europe de l'Est s'envolent au contraire en direction du sud et du sud-ouest. La majorité des hypolaïs hiverne en Zambie, au Zimbabwe, au Mosambique, au Botswana et en Namibie. L'hypolaïs polyglotte se rend quant à lui en hiver dans les savanes d'Afrique occidentale, du Sénégal au Cameroun.

Les hypolaïs ictérines reviennent très tard sur leur aire de reproduction, courant mai, parfois même début juin. Leur nid aux parois fines mais tressé avec un savoir-faire indéniable, est placé assez bas, sur un arbre ou un buisson. La femelle le bâtit seule, mais le mâle l'aide à couver les 4 à 6 œufs roses de la ponte. Les insectes à tous les stades de leur évolution constituent l'élément prédominant du régime alimentaire des hypolaïs ictérines. Arrivés tardivement sur leur territoire de ponte, les hypolaïs s'envolent d'autant plus tôt vers leurs lieux d'hivernage, le plus souvent dès le mois d'août ou au début de septembre.

L'hypolaïs ictérine (1) a la taille d'un petit moineau. Il est d'un jaune-vert uniforme sur le dos, à l'exception des rémiges et des rectrices qui virent au brun. Le dessous de son corps et son sourcil sont d'un jaune soufre. La coloration du plumage ne permet pas d'identifier les sexes. Moins jaunes, les immatures sont plus bruns sur le dessus du corps que les adultes. L'hypolaïs ictérine se tient volontiers au faîte d'un arbre. Il volètte vite suivant une trajectoire ondulée, chante de façon caractéristique en se tenant droit, perché sur l'une des branches latérales d'un arbre.

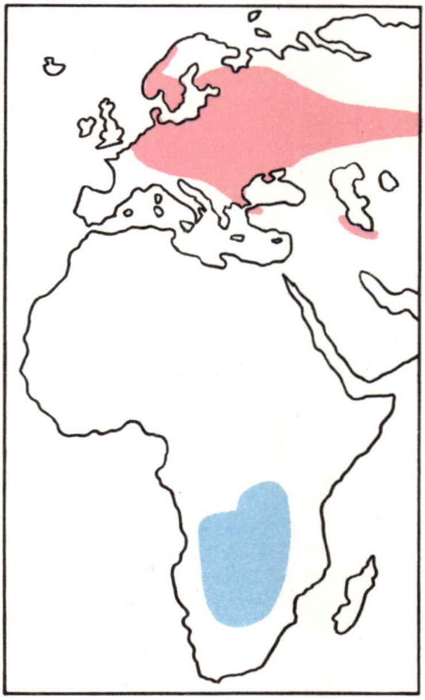

Son chant est fait d'imitations des voix des autres oiseaux accompagnées de trilles. On entend un motif spécifique, «tétéoui» qui revient périodiquement. Son cri d'alarme est un «tek tak» aigu.

Rien dans l'aspect de l'hypolaïs polyglotte (2) ne permet de le différencier de l'espèce précédente. Le seul critère d'identification est la coloration de ses pattes qui ne sont pas gris-bleu.

Fauvette épervière Sylviidés
Sylvia nisoria *Sylviidae*

L'aire de répartition de la fauvette épervière s'étend depuis l'Europe centrale jusqu'à la Mongolie. Elle évite presque toute l'Europe de l'ouest et du Nord et on la chercherait vainement dans les Balkans et dans une grande partie de l'Italie. La plupart des fauvettes épervières hivernent en Afrique; seule une minorité s'arrêtent en cours de route pour passer l'hiver dans les steppes aux buissons épineux du sud de l'Arabie. Les fauvettes d'Europe se dirigent vers le sud-est et survolent à cette occasion l'est de la région méditerranéenne. Les principaux lieux d'hivernage se trouvent en Ouganda et au Kenya, mais peuvent s'étendre au sud jusqu'à la Tanzanie et au Zimbabwe.

Pour nicher, les fauvettes épervières recherchent les broussailles épineuses qui poussent sur les pentes ensoleillées, les lisières des forêts de feuillus et les haies champêtres. Les critères de choix de leur biotope sont très semblables à ceux de la pie-grièche écorcheur (*Lanius collurio*). Ces deux espèces cohabitent très souvent et peuvent même nicher ensemble dans le même buisson. La fauvette épervière place son nid solidement tressé sur une branche, à l'intérieur des broussailles impénétrables mais rarement à plus d'un mètre au-dessus du sol. Les deux parents couvent et soignent les jeunes. Les insectes sont le principal composant de leur menu, complété à la fin de l'été et en automne par des baies de toutes sortes. Les fauvettes ramassent les insectes sur les feuilles et les branches des broussailles, parfois même au sol. Elles désertent leur territoire de ponte en août, septembre au plus tard, pour y revenir en avril ou début mai. Aussitôt, le mâle se met en devoir d'occuper son territoire.

3 ♂

De la taille d'un moineau, la fauvette épervière est l'une des plus grandes fauvettes. Elle ressemble un peu à un petit épervier, grâce à son ventre blanc barré de traits gris ondulés (3), à ses yeux jaune soufre et à la coloration fondamentale grise de sa livrée. Le mâle (1) est gris teinté de marron sur le dessus du corps. Les rectrices externes de sa queue sont bordées d'une teinte claire. La femelle (2) est plus claire que le mâle sur le dos et tachetée seulement sur les flancs. Les immatures ressemblent d'une manière frappante à la femelle, mais leur plumage est plus ocre et l'iris de leurs yeux marron.

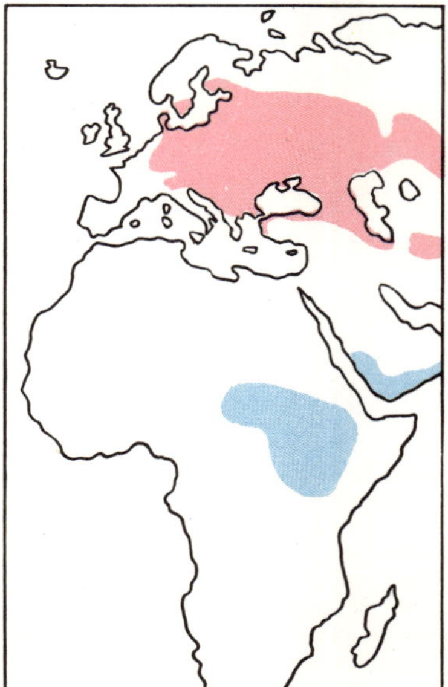

Les fauvettes épervières sont très farouches. Leur cri d'alarme, très bruyant, est fait de «terrrterrrterrr» rauques. Le mâle chante perché au sommet d'un buisson ou d'un arbrisseau. Il entrecoupe et achève son chant par un «tcherrr» roulé.

Fauvette babillarde Sylviidés
Sylvia curruca *Sylviidae*

La fauvette babillarde habite une aire très vaste qui s'étend depuis la Grande-Bretagne et la France jusqu'à l'Asie. Pour nicher, elle ne remonte jamais au-delà du sud de la Scandinavie et de la Finlande. Au sud du continent, elle évite la péninsule Ibérique, l'Italie et une partie des Balkans. C'est une espèce exclusivement migratrice. Les populations européennes, qui hivernent en Afrique, se dirigent vers le sud-est. Elles survolent la partie orientale de la région méditerranéenne pour atteindre le Soudan et l'Éthiopie. On estime que quelque 150 millions de fauvettes babillardes viennent chaque année passer l'hiver en Afrique. Celles qui nichent en Asie, en revanche, se rendent pour l'hiver dans le sud de l'Iran, en Inde et au Sri Lanka.

Le biotope de nidification des fauvettes babillardes sont les broussailles de l'orée des forêts, les bouquets d'arbres dans les champs, la végétation qui pousse sur les bords des plans et des cours d'eau, les jardins envahis par la végétation, les parcs et les cimetières. Les oiseaux quittent leurs lieux d'hivernage en avril ou début mai. A cette saison, on peut les observer individuellement lors de leurs haltes en train de ramasser les insectes sur les arbres qui bourgeonnent et fleurissent, tout en faisant entendre des trilles satisfaits. Dès son retour, le mâle occupe et défend sont territoire. Les deux parents construisent le nid, se relaient sur la ponte et nourrissent les petits insatiables. Le régime alimentaire des fauvettes babillardes se compose principalement d'insectes que les oiseaux ramassent sur les ramilles ou sur les feuilles des plantes ligneuses. En été et en automne, elles se régalent volontiers de fruits charnus. En août et en septembre, elles quittent peu à peu leur nid.

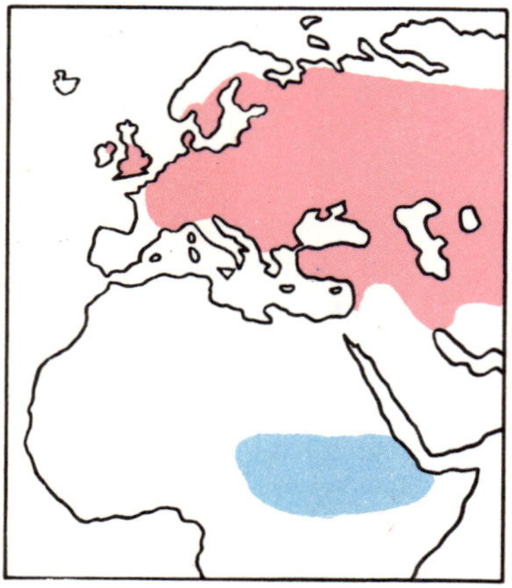

La fauvette babillarde est l'une des plus petites fauvettes. Les joues et les plages auriculaires plus foncées se détachent sur sa tête grise et contrastent avec le menton et la gorge blancs. La coloration du dos gris-brunâtre se transforme sur les ailes et la queue en brun-gris. Le queue est bordée de blanc sur les côtés. Le ventre est gris pâle. Les mâles et les femelles ont la même coloration; la livrée des immatures est peut-être un peu plus terne.

On surprend le plus souvent les fauvettes babillardes, dans les buissons où elles explorent infatigablement les rameaux terminaux et les feuilles. Elles ne s'envolent que contraintes et forcées, franchissant alors une courte distance pour se poser aussitôt sur un buisson. Leur vol est à cette occasion rapide et onduleux. Leur cri d'appel est un «tek tek», leur cri d'alarme un «terrrrtek» strident. Le principal motif de leur chant est un trille fort «niililili l» qui alterne avec des strophes plus douces.

Fauvette grisette Sylviidés
Sylvia communis *Sylviidae*

La fauvette grisette habite presque toute l'Europe ainsi qu'une partie de l'Asie et de l'Afrique du Nord. En Europe, elle évite les régions les plus septentrionales. Elle affectionne les broussailles, les lisières de forêts, les buissons des landes et les haies. Parfois, on la découvre en plein champ de blé. Les fauvettes grisettes réapparaissent sur leur territoire de nidification d'avril à mai. Le couple bâtit son nid dans la végétation dense ou sur la branche d'un arbuste, à un mètre à peine au-dessus du sol, avec de l'herbe sèche, des racines et de petites branches. Les bords et l'intérieur du nid sont garnis de poils ou d'aigrettes de plantes. Les deux parents se partagent équitablement les taches lorsqu'il faut couver les œufs et nourrir les jeunes. Les fauvettes grisettes se nourrissent surtout d'insectes de toutes sortes et de divers invertébrés. C'est seulement en été et au début de l'automne que les fruits succulents comme les framboises, les mûres et les baies de sureau viennent compléter ce régime.

En août et en septembre, les fauvettes grisettes migrent vers des lieux d'hivernage fort éloignés, au sud du Sahara. Les populations européennes hivernent en Afrique équatoriale. Les principaux centres d'hivernage se trouvent au sud du Sahara, sur un territoire qui s'étend de la Guinée à l'Éthiopie et jusqu'au Botswana. Les fauvettes grisettes y recherchent les steppes parsemées d'acacias et les savanes boisées. On estime que 120 millions de fauvettes se rendent chaque année en Afrique pour y passer la mauvaise saison.

2 ♂

La fauvette grisette est une fauvette de taille moyenne. Le mâle (1) se reconnaît à sa tête grise qui contraste avec son menton et sa gorge blancs. Il est brun-gris sur le dessus avec des taches rousses bien apparentes sur les ailes (2). La coloration blanche qui prédomine sur le ventre se transforme en rose sur les côtés de la poitrine et en ocre sur les flancs. La coloration de la femelle est plus discrète. Sa tête est brun-gris et la teinte rose est absente sur sa poitrine. Les immatures ressemblent à la femelle.

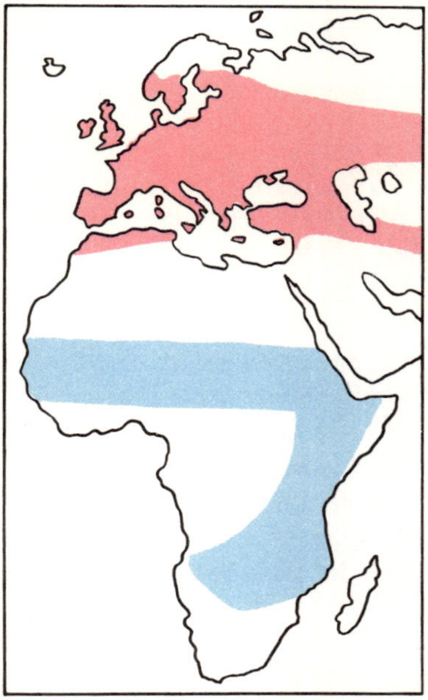

Le vol de la fauvette grisette est onduleux et assez rapide. Son cri d'alarme est un «tchèèt» strident, alors que son cri d'appel est un «ved ved» plus doux. Son chant est assez bref, mais fort et précipité avec des alternances rapides de sons aigus et graves. En chantant, le mâle monte souvent au-dessus d'un buisson pour se reposer aussitôt, les ailes et la queue déployées.

1 ♂

Fauvette à tête noire — Sylviidés
Sylvia atricapilla — *Sylviidae*

La fauvette à tête noire habite toute l'Europe, hormis les régions les plus septentrionales. On la rencontre également en Afrique du Nord et dans une partie de l'Asie. En Europe, ses populations ne sont pas toutes migratrices. Les fauvettes du sud et du sud-ouest du continent sont le plus souvent sédentaires, de même que celles d'Afrique du Nord. Et, même dans les régions situées plus au nord, certains oiseaux, sporadiquement, ne s'envolent pas pour l'hiver. Les populations migratrices d'Europe occidentale se dirigent vers le sud-ouest en traversant la péninsule Ibérique. Une partie d'entre elles s'arrêtent dans les régions méditerranéennes, mais la plupart continuent leur voyage jusqu'aux formations d'acacias d'Afrique occidentale équatoriale. Dans cette région, la nourriture des fauvettes à tête noire se compose essentiellement de fruits et leur récolte détermine chaque année le nombre de ces oiseaux. En Gambie, elles aiment s'installer dans les buissons de mangroves et se nourrissent de figues sauvages. Les populations d'Europe centrale, de Scandinavie et d'Europe de l'Est se dirigent généralement vers le sud ou le sud-est, ayant pour destination l'Afrique orientale, plus spécialement le Soudan, l'Éthiopie, le Kenya, la Tanzanie et, en partie, le Zaïre. On estime très approximativement que 380 millions de fauvettes à tête noire hivernent chaque année en Afrique.

Les premiers individus arrivent sur l'aire de nidification dès le début du mois d'avril. Ils sont aussitôt suivis par plusieurs vagues successives de leurs congénères, la dernière arrivant en général au mois de mai. Les mâles partent les premiers car ils doivent occuper très vite un territoire de ponte dont ils démarquent les limites par un chant très fort. Les fauvettes à tête noire s'envolent vers leurs lieux d'hivernage entre la fin du mois d'août et le mois d'octobre.

3

Chez la fauvette à tête noire, on distingue facilement le mâle de la femelle ou de l'immature. Le mâle (1) porte en effet une calotte noire alors que celle de la femelle (2) et de l'immature est rousse. Les fauvettes à tête noire sont gris-brun sur le dos avec les ailes et la queue plus foncées, et blanc grisâtre sur le dessous du corps. La livrée de la femelle est plutôt brune. Le vol rapide de la fauvette à tête noire suit une trajectoire aux ondulations horizontales. Son chant, très bruyant, est flûté. La fauvette des jardins (*S. borin*) (3), très discrète, apprécie les mêmes

biotopes que la fauvette à tête noire: forêts aux sous-bois arbustifs, parcs, taillis. Elle habite presque toute l'Europe et une grande partie de l'Asie, hivernant exclusivement en Afrique, au sud du Sahara. Son chant commence assez doucement par un gazouillis et prend fin par un «forte» mélodieux. Cri typique: «tac tac» (alarme).

Pouillot siffleur Sylviidés
Phylloscopus sibilatrix *Sylviidae*

Le pouillot siffleur vit uniquement en Europe mais on ne le rencontre pas sur tout le continent. Il évite en effet la péninsule Ibérique, le nord de l'Europe, y compris une partie de la Scandinavie, et les Balkans. A la saison des nids, on peut le voir dans les forêts d'arbres à feuilles caduques, surtout dans les hêtraies dépourvues de sous-bois denses. C'est une espèce exclusivement migratrice. Le pouillot siffleur quitte son nid en août ou en septembre pour se diriger vers le sud-est, éventuellement le sud-ouest; il est capable de franchir 90 km en 24 heures. Après avoir traversé la Méditerranée, il continue son voyage jusqu'à ses lieux d'hivernage qui se trouvent au sud du Sahara. Les pouillots siffleurs se concentrent alors dans cette région, depuis l'équateur jusqu'au 10ᵉ degré de latitude Nord. A l'ouest, ils pénètrent jusqu'en Guinée, à l'est jusqu'en Ouganda ou au Kenya. La plupart des pouillots siffleurs sont tributaires, sur leur aire d'hivernage, des forêts sempervirens.

Au printemps, les pouillots siffleurs réapparaissent sur leur aire de reproduction, fin avril ou début mai. La migration de retour est deux fois plus rapide que le voyage d'automne. Peu de temps après leur arrivée discrète, les mâles occupent leur territoire. Les couples se forment alors, événement accompagné de chants ininterrompus, entrecoupés seulement par des cris d'appel fréquents. C'est la femelle qui choisit l'emplacement du nid et qui l'y construit, seule. Le résultat de ses efforts est une sphère très soignée avec une entrée assez large (2). La femelle est seule à couver, mais le mâle prend part à l'élevage des jeunes. Les invertébrés, que les pouillots ramassent dans les branches des arbres, prédominent dans leur régime alimentaire.

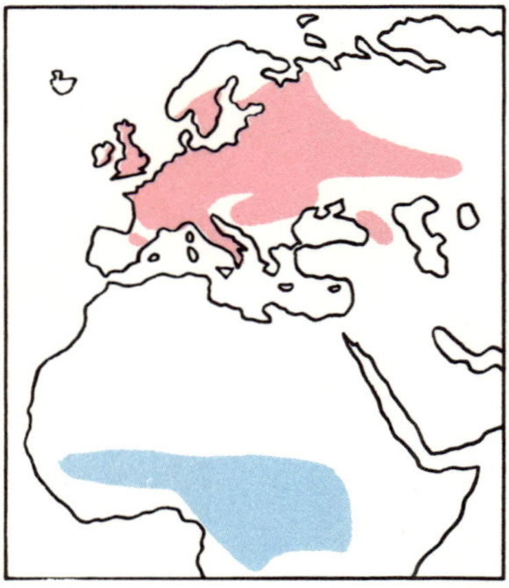

Bien que le pouillot siffleur soit le plus grand des pouillots, il est loin d'atteindre la taille d'un moineau. Les adultes sont vert-jaune sur le dessus du corps. Le sourcil jaune citron ainsi que la gorge et la poitrine sont très spectaculaires (1). Cette couleur se transforme imperceptiblement en blanc sur les autres parties du corps. La livrée des immatures est plus brune et plus terne.

Dans la forêt, le pouillot siffleur évolue sur les branches inférieures des arbres et au sol, où il niche. Son cri d'appel, très caractéristique, est un «dih» ou «vit». Le chant, que le mâle lance très souvent en vol, se compose d'une série de «ip cip cipcipcipcip srrrrr» qui va en s'accélérant; on entend aussi des «diu diu diu» plaintifs, descendants, en alternance.

2

1

Pouillot véloce
Phylloscopus collybita

Sylviidés
Sylviidae

Le pouillot véloce habite une vaste aire qui s'étend depuis l'Atlantique jusqu'à l'Extrême-Orient. Migrateur sur la majeure partie de son aire de répartition, il s'envole vers ses lieux d'hivernage d'août à octobre. Les populations d'Europe occidentale et centrale se dirigent habituellement vers le sud-ouest, celles de Grande-Bretagne vers le sud alors que les oiseaux d'Europe septentrionale et orientale migrent vers le sud-est. La majorité des pouillots véloces européens hivernent à proximité de la Méditerranée, certains continuent jusqu'aux oasis sahariennes, d'autres encore passent l'hiver dans les savanes au sud du Sahara. Au Sénégal, ils se concentrent en grand nombre près des groupes d'acacias; en Gambie on les rencontre plutôt dans les formations de mangroves et de saules qui poussent jusqu'à la limite des fleuves en crue.

Pour nicher, le pouillot véloce choisit les forêts claires composées d'arbres à la couronne ample, aussi bien feuillus que résineux. Il construit un nid sphérique (2) généralement au ras du sol. Il affectionne particulièrement la lisière des forêts, les clairières, les parcs, les jardins à la végétation débordante et les végétaux du bord des plans et des cours d'eau. Au cours de sa migration vers le sud comme pendant celle du retour, on peut l'apercevoir dans les buissons ou les arbres isolés, dans un paysage totalement dégagé. Il regagne son aire de reproduction dès le mois de mars ou courant avril. Le mâle précède la femelle d'une semaine environ pour occuper rapidement un territoire de ponte dont il marque les limites par un chant véhément. Les pouillots véloces se nourrissent d'insectes de taille moyenne tels que les cousins, les chenilles ou les pucerons. En été et en automne, ils ne dédaignent pas différentes baies.

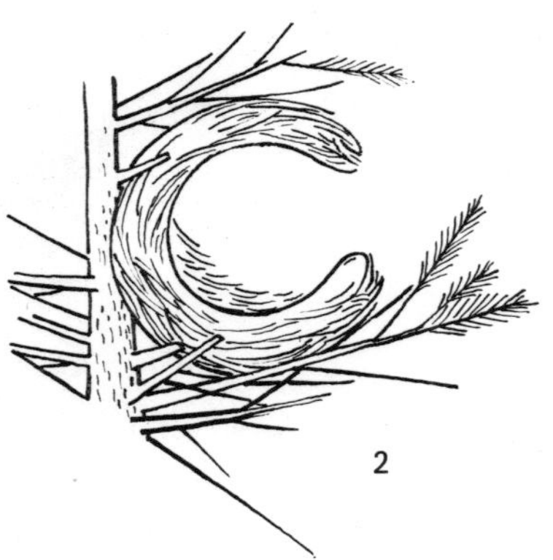

2

Le pouillot véloce atteint la moitié de la taille d'un moineau. La coloration de son plumage est extrêmement discrète. Le dessus de son corps est brun-olive, son œil est rehaussé par un sourcil clair à peine perceptible (1). La couleur blanchâtre de son ventre se teinte de jaune sur les côtés de la poitrine et des flancs. Ses pattes sont foncées. Une simple observation ne permet pas de déterminer les sexes ou l'âge des individus étudiés. Le plus souvent, on surprend les pouillots véloces isolément lorsqu'ils évoluent dans les branches d'un arbre ou lorsqu'ils volent d'un arbre

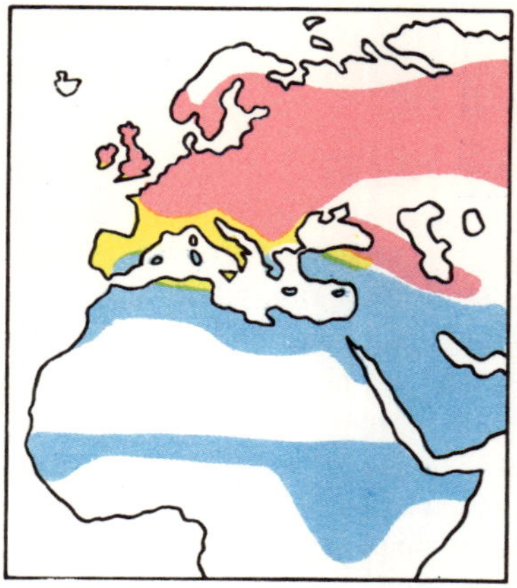

à l'autre. Leur comportement dans le branchage est très nerveux; souvent, on les voit se débattre près des rameaux terminaux. Leur cri d'appel est un «houiit» doux ou un «touit» sonore. Leur chant, qui est un critère d'identification infaillible, est extrêmement simple; il est fait de «tsip-tsap» inlassablement répétés. On peut l'entendre en automne avant le départ pour l'hivernage.

1

Pouillot fitis | Sylviidés
Phylloscopus trochilus | *Sylviidae*

Le pouillot fitis est l'une des espèces eurasiennes les plus connues sur leur aire d'hivernage, au sud du Sahara. On estime que près d'un milliard de ces oiseaux se rend chaque année en Afrique pour y passer l'hiver. A la saison des nids, c'est-à-dire à partir du mois d'avril, le pouillot fitis habite de vastes étendues dans les zones tempérées et froides de l'Europe et de l'Asie. En Europe, il ne vit pas dans le sud et le sud-ouest du continent.

Le pouillot fitis apprécie les forêts claires aux sous-bois faits de buissons bas ou de hautes plantes non-ligneuses. Dans la taïga, on le rencontre surtout dans les forêts où prédominent les mélèzes, les saules et les bouleaux. Dans les régions septentrionales, il recherche les forêts de bouleaux subarctiques et la toundra buissonneuse. Au sud, c'est un habitant des steppes boisées. Sur une grande partie de son aire de répartition, il côtoie le pouillot véloce. Lorsque ces deux espèces partagent le même biotope, le pouillot fitis cherche sa nourriture dans la strate végétale inférieure alors que le pouillot véloce exploite celle du dessus.

Les pouillots fitis quittent discrètement leur aire de nidification en août ou en septembre. Les oiseaux d'Europe occidentale et centrale se dirigent généralement vers le sud-ouest, alors que les pouillots scandinaves empruntent au contraire la direction du sud-est. Au cours de leur migration, on peut les observer dans les formations d'arbres, de buissons et de plantes non-ligneuses. Curieusement, les populations extrême-orientales du pouillot fitis optent elles aussi pour le sud-est pour y passer l'hiver, franchissant ainsi, deux fois par an, la distance incroyable de 12 000 km.

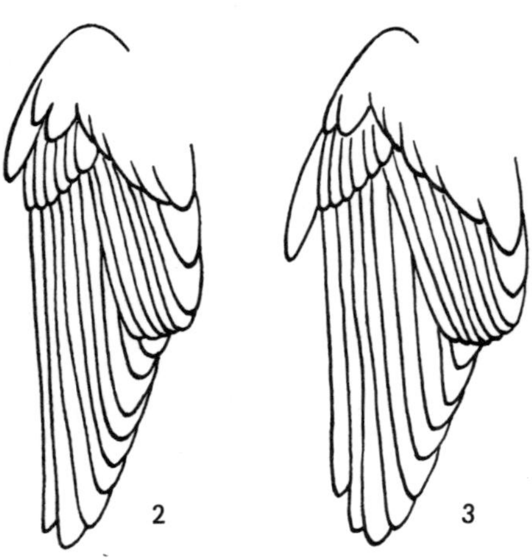

Le pouillot fitis a la même taille que le pouillot véloce. Il n'y a que très peu de différences dans la coloration des deux espèces: le pouillot fitis a un sourcil plus net et une gorge claire teintée de jaune. Son dos est légèrement plus vert. Son bec est jaunâtre, ses pattes claires (1). On trouve des différences dans la formule alaire (dimensions respectives des grandes plumes des ailes), mais on ne peut s'en rendre compte qu'en capturant et en comparant les deux oiseaux. A cette occasion, on constate que dans les ailes du pouillot fitis (2) la troisième et la quatrième rémiges sont plus longues que la deuxième, tandis que chez le pouillot véloce deux autres rémiges dépassent la seconde (3).

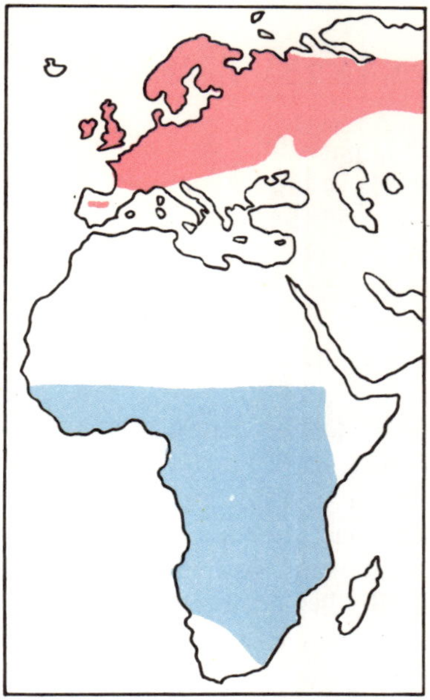

En liberté, on aperçoit le plus souvent le pouillot fitis dans les formations de jeunes arbres ou arbustes où il évolue, solitaire. Son vol et son comportement sont les mêmes que ceux du pouillot véloce. Il se distingue de ce dernier par son chant flûté, fait de sons d'abord lents et ensuite accélérés.

1

Gobe-mouches gris
Muscicapa striata

Muscicapidés
Muscicapidae

Le gobe-mouches gris habite toute l'Europe, une partie de l'Asie et l'Afrique du Nord. C'est un habitant des lisières des forêts caduques, des jardins à la végétation luxuriante, des vergers, des allées, des cimetières ainsi que des forêts subarctiques de bouleaux ou de conifères et des steppes boisées. On l'identifie le plus souvent grâce à son comportement caractéristique: il se perche sur les poteaux, les piquets, les fils électriques ou la cime des arbres d'où il fond brusquement sur les insectes volants. S'il a atteint son but, il regagne son poste d'observation.

Les gobe-mouches gris quittent leur aire de nidification d'août à septembre pour se rendre dans les pays chauds. Les populations d'Europe occidentale se dirigent vers le sud-ouest, celles de Scandinavie et d'Europe centrale vers le sud et le sud-ouest, alors que les oiseaux d'Europe orientale s'envolent soit en direction du sud-sud-est puis traversent les Balkans, soit en direction du sud-sud-ouest, ce qui les amène à survoler l'Italie. Les principaux lieux d'hivernage des gobe-mouches gris se trouvent en Afrique, au sud du Sahara, ceux du sud de l'Arabie et de l'Inde étant moins fréquentés.

Le retour des gobe-mouches gris sur leur aire de reproduction a lieu fin ou début mai, les couples s'installant sans tarder sur leur territoire de ponte. Les gobe-mouches gris placent généralement leur nid dans une cavité peu profonde, dans un arbre, un rocher ou une maison. La femelle assume seule la construction du nid et la couvaison, le mâle n'intervenant que lorsqu'il faut nourrir les petits.

Le gobe-mouches gris a une alimentation animale qui se compose surtout d'insectes volants. C'est seulement vers la fin de l'été qu'il mange exceptionnellement des fruits drupacés.

3

D'apparence très discrète, le gobe-mouches gris a la taille d'un petit moineau. Il a l'habitude de se tenir très droit (1), perché sur des endroits surélevés. Il guette et chasse les insectes volants (3) à partir de ce point stratégique. On le voit souvent à proximité des habitations.

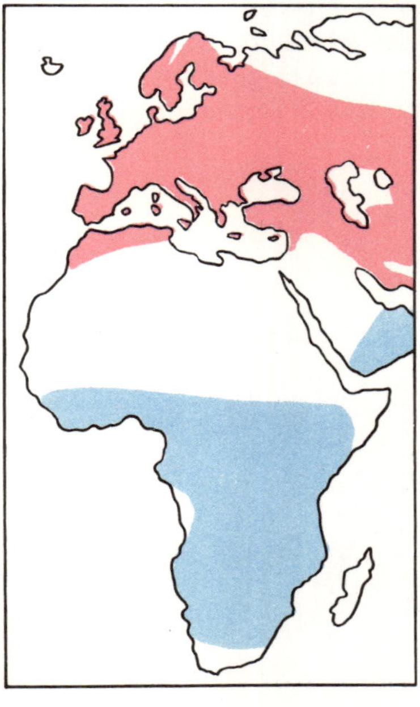

Le plumage du gobe-mouches gris est, dans l'ensemble, gris-brun avec le dessous clair, strié de taches longitudinales assez foncées bien apparentes, surtout chez·les immatures (2). En lançant son cri d'appel, des «tsst» aigus, l'oiseau secoue ses ailes et sa queue de manière spasmodique. Son chant très monotone est fait de «sip sip sik sitti sik sik».

Gobe-mouches nain *Ficedula parva*

Muscicapidés *Muscicapidae*

Le gobe-mouches nain habite la partie de l'Eurasie qui s'étend depuis la R.F.A. jusqu'aux côtes pacifiques. On suppose que c'est une espèce originaire d'Asie qui s'est répandue par la suite en Europe; aujourd'hui encore, on enregistre une lente expansion vers l'ouest. L'hypothèse de l'origine asiatique des gobemouches nains est par ailleurs confirmée par le fait que la majeure partie d'entre eux continue d'hiverner en Asie du Sud, de l'Inde jusqu'à Bornéo. Le baguage a prouvé que les gobe-mouches nains européens hivernent surtout en Inde. Seule une partie infime d'entre eux a cessé de migrer en Asie et s'envole désormais pour l'hiver en direction de l'Europe de l'Ouest ou du Sud-Est ou vers l'Afrique, plus particulièrement vers la Libye, la Tunisie, les îles Canaries, l'Égypte et l'Afrique orientale équatoriale.

Le gobe-mouches nain est un habitant des vieilles forêts, surtout des hêtraies, plus rarement des chênaies ou des forêts mixtes. Au cours de la migration, il apparaît également dans les jardins, les parcs, etc. C'est seulement au mois de mai qu'il regagne son aire de reproduction, le mâle précédant régulièrement la femelle de quelques jours. Il choisit alors son territoire de ponte qu'il dispute aux mâles de son espèce. Ses démonstrations de chant assidues ont pour double objectif de marquer les limites du territoire et d'attirer la femelle. Le nid des gobe-mouches nains est placé dans une semi-cavité. Pendant la période des nids, les oiseaux se nourrissent exclusivement d'insectes, collectés le plus souvent dans les branches des arbres, mais en été et en automne ils ne dédaignent pas des fruits drupacés. Les gobe-mouches nains s'envolent vers leurs quartiers d'hiver courant août et septembre.

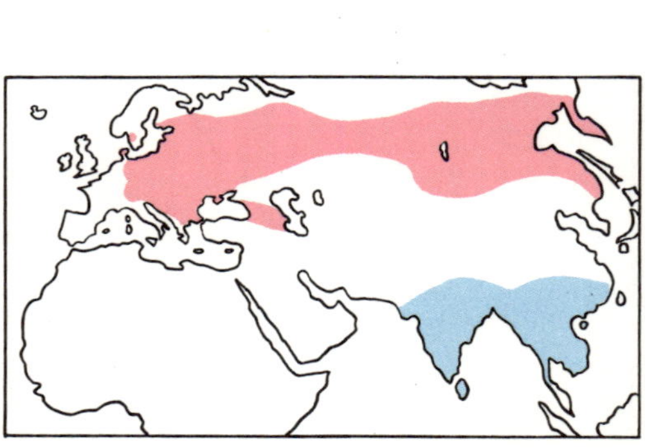

Le gobe-mouches nain est le plus petit des gobe-mouches d'Europe. Quel que soit son âge ou son sexe, ses sous-caudales externes sont d'un blanc éclatant et contrastent avec celles du milieu qui sont noires. Cette queue bigarrée est bien visible, surtout en vol ou lorsque l'oiseau, excité, la hoche tout en la déployant. Le mâle a le dos brun-gris, la tête et le croupion gris. Les vieux mâles (1) portent sur la gorge et le haut de la poitrine une tache marron brique bordée de gris sur les côtés, tandis que la femelle (2) et les jeunes mâles ne portent pas de taches pectorales. Les immatures ont une livrée tachetée. Les gobe-mouches nains volent avec une grande adresse. On les voit le plus souvent sur les branches inférieures des arbres. Leur cri d'alarme est un «tsrrr» roulé, leur chant est fait de «tsii tsii tsii tsitia tsitia tsitia ti ti ti» sonores.

Gobe-mouches à collier
Ficedula albicollis

Muscicapidés
Muscicapidae

Le gobe-mouches à collier habite une aire très restreinte qui s'étend depuis l'est de la France jusqu'en Europe orientale. Au sud, il pénètre tout au plus en Italie centrale. Le gobe-mouches à collier est un parent proche du gobe-mouches noir (*F. hypoleuca*), beaucoup plus répandu. Outre les régions situées plus au nord, ce dernier habite également l'Espagne, le Midi de la France, le nord de l'Italie, nichant même en Afrique du Nord. Les deux espèces ont été probablement séparées lors de la dernière glaciation.

Le gobe-mouches à collier affectionne les vieux parcs, les allées, les jardins à la végétation débordante et les vieilles forêts caduques ou mixtes aux arbres creux ou pourvues de nichoirs. Le mâle qui revient des lieux d'hivernage entre avril et mai précède de peu la femelle. Il choisit une cavité pour son nid, volette assidûment à proximité et chante sans arrêt, manège qui a pour but d'attirer la femelle. Le gobe-mouches noir se comporte de façon analogue et on a pu constater plus d'une fois l'existence de couples mixtes. La femelle est chargée de couver, le mâle venant la nourrir de temps en temps. Après l'éclosion des œufs, le mâle prend part lui aussi à l'élevage des jeunes. Le régime alimentaire des gobe-mouches à collier est exclusivement animal et se compose surtout d'insectes.

Les oiseaux s'envolent vers leur aire d'hivernage en août ou en septembre. Les gobe-mouches à collier traversent la Méditerranée pour atteindre les savanes boisées et les forêts humides au sud de l'équateur. Les principaux lieux d'hivernage se trouvent au Congo, au Zaïre, en Ouganda, au Kenya, en Tanzanie et en Zambie. Les gobe-mouches noirs migrent en direction du sud-ouest, vers l'Afrique équatoriale, et hivernent plus à l'ouest que les gobe-mouches à collier.

Le gobe-mouches à collier (1, 2) ressemble au gobe-mouches noir (3, 4) de manière frappante. Les deux espèces ont la taille d'un petit moineau. Les mâles sont noirs et blancs, noirs sur le dessus, d'un blanc pur sur le dessous. Leurs miroirs blancs contrastent avec le fond noir des ailes. Cette description s'applique aux deux espèces, mais seul le mâle du gobe-mouches à collier (1) porte un collier blanc.

3 ♂

4 ♀

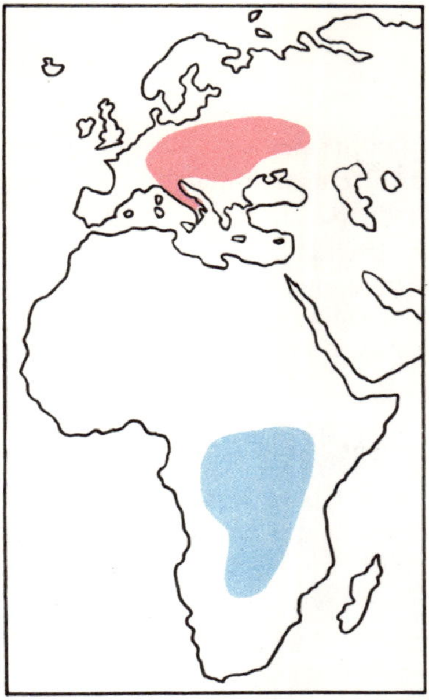

Chez les mâles du gobe-mouches noir (3), en revanche, on observe une plus grande variété dans la coloration: on peut, en effet, rencontrer des représentants brun foncé ou gris. Il est extrêmement difficile de distinguer les femelles des immatures.

Le cri d'appel du gobe-mouches à collier est un «sib sib» fort. A cette occasion, l'oiseau soulève la queue et déploie légèrement les ailes. Son chant est un mélange de sons flutés ou grinçants. En guise de cri d'appel, le gobemouche noir lance des «bit» ou répète des «tik tik». Son chant, plus long, comporte davantage d'éléments mélodieux.

1 ♂

2 ♀

Loriot d'Europe
Oriolus oriolus

Oriolidés
Oriolidae

Le loriot d'Europe est la seule espèce de la famille des Oriolidés ne vivant pas dans les régions tropicales. Il habite une vaste aire qui englobe presque toute l'Europe, une petite partie de l'Afrique du Nord-Ouest et une grande partie de l'Asie. En Europe, il évite la Grande-Bretagne, la Scandinavie et le nord-est du continent. Habitant les forêts qui côtoient des prairies, les bosquets clairs, les parcs et les grands jardins à faible altitude, il s'accommode également des forêts mixtes mais ne vit jamais dans les forêts de conifères.

Les loriots ne s'attardent pas longtemps sur leur aire de reproduction. Ils y reviennent en mai, signalant aussitôt leur présence par un chant fort et mélodieux qu'ils répètent inlassablement toute la journée. Peu de temps après son arrivée, le mâle occupe un territoire de ponte et le défend âprement contre les intrus. Le nid est l'œuvre de la femelle. Suspendu par les bords dans une branche fourchue, il est généralement placé haut dans l'arbre. Le régime alimentaire des loriots est aussi bien animal que végétal: il se compose d'insectes, d'araignées et de mollusques divers, aussi bien que de fruits de plantes ligneuses, telles que merisier à grappes, mûrier ou cerisier sauvage. La famille reste unie même après l'émancipation des jeunes jusqu'au mois d'août, époque de l'année où les loriots s'envolent vers leur aire d'hivernage. Les loriots européens se dirigent vers le sud-est pour regagner, pratiquement sans escale, les forêts qui s'étendent au sud de l'équateur. Certains se rendent en Afrique occidentale, mais il s'agit alors des populations qui nichent plutôt en Afrique du Nord et partiellement en Europe occidentale.

2 ♀

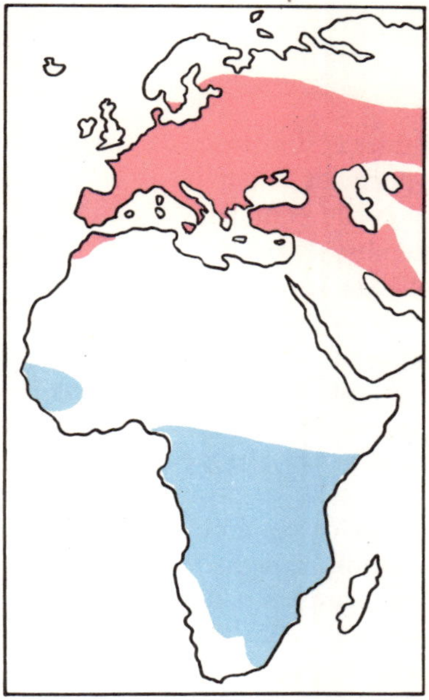

Les mâles du loriot d'Europe (1) font partie des plus beaux spécimens du monde des oiseaux. Leur plumage est d'un jaune lumineux, à l'exception de la queue, des ailes et d'une bande située entre l'œil et le bec qui sont noirs; cette harmonie bicolore est complétée par des yeux carmin et un bec rougeâtre, fort et plutôt long. Les femelles (2) et les immatures sont beaucoup plus ternes que les mâles. La couleur fondamentale de leur plumage est jaune-vert. Le dessous du corps est gris pâle et constellé de petites taches plus foncées.

Le loriot vole très vite en décrivant de longues ondulations à peine perceptibles. Son chant est fait de «didlio» répétés, son cri d'alarme est un «kreek» rauque et déchirant.

1 ♂

Pie-grièche écorcheur
Lanius collurio

Laniidés
Laniidae

La pie-grièche écorcheur habite de vastes étendues en Europe et en Asie occidentale. En Europe, elle évite seulement une partie de la péninsule Ibérique, la Grande-Bretagne, la Scandinavie et le nord-est du continent. C'est l'un de ces oiseaux migrateurs qui migrent, en septembre et octobre, en un front étroit. Toutes les pies-grièches se rassemblent dans les Balkans. Les populations de l'Espagne du Nord et du sud de la France s'y rendent en se dirigeant vers l'est et en survolant le nord de l'Italie. Celles de l'Europe centrale et septentrionale gardent la direction du sud et du sud-est, alors que les oiseaux de l'Europe orientale volent vers le sud-ouest. Seules les pies-grièches qui nichent dans les régions orientales de l'Asie migrent en Afrique en survolant l'Arabie.

Les pies-grièches écorcheurs hivernent en masse en Namibie, en Zambie et au Zimbabwe. Leur itinéraire forme une boucle dont le nœud se situe dans le sud du Soudan. Au printemps, les pies-grièches écorcheurs qui sont en train de migrer obliquent à cet endroit vers le nord-est, puis continuent leur voyage au-delà de l'Arabie et de l'est de la région méditerranéenne. La première vague de pies-grièches atteint généralement l'aire de reproduction fin avril ou début mai. Les pies-grièches écorcheurs affectionnent des pentes sèches couvertes d'herbe et parsemées de buissons, les décombres, l'orée des forêts et des clairières. Le mâle précède la femelle sur l'aire de reproduction pour occuper un territoire de ponte convenable. Les pies-grièches se nourrissent surtout d'invertébrés, mais chassent à l'occasion de petits mammifères, des oiseaux et des reptiles. Souvent, elles se constituent des réserves en enfilant les restes de leur nourriture sur des épines.

2 ♂

Il n'est pas difficile de distinguer le mâle de la femelle. Le mâle (1) se pare d'une livrée magnifique à la saison des amours. Une bande d'un noir profond lui barre l'œil, se détachant sur la tête grise. Son dos marron-roux contraste avec le dessous de son corps clair. Les rémiges sont aussi noires que les rectrices, à l'exception de celles des côtés de la queue qui sont blanches à la base. Son croupion (2) gris est bien visible, surtout en vol. La femelle (3) est entièrement brune, rousse sur le dessus, avec une bande plus foncée sur l'œil. Son ventre est blanchâtre avec des nuances ocre et des taches sombres.

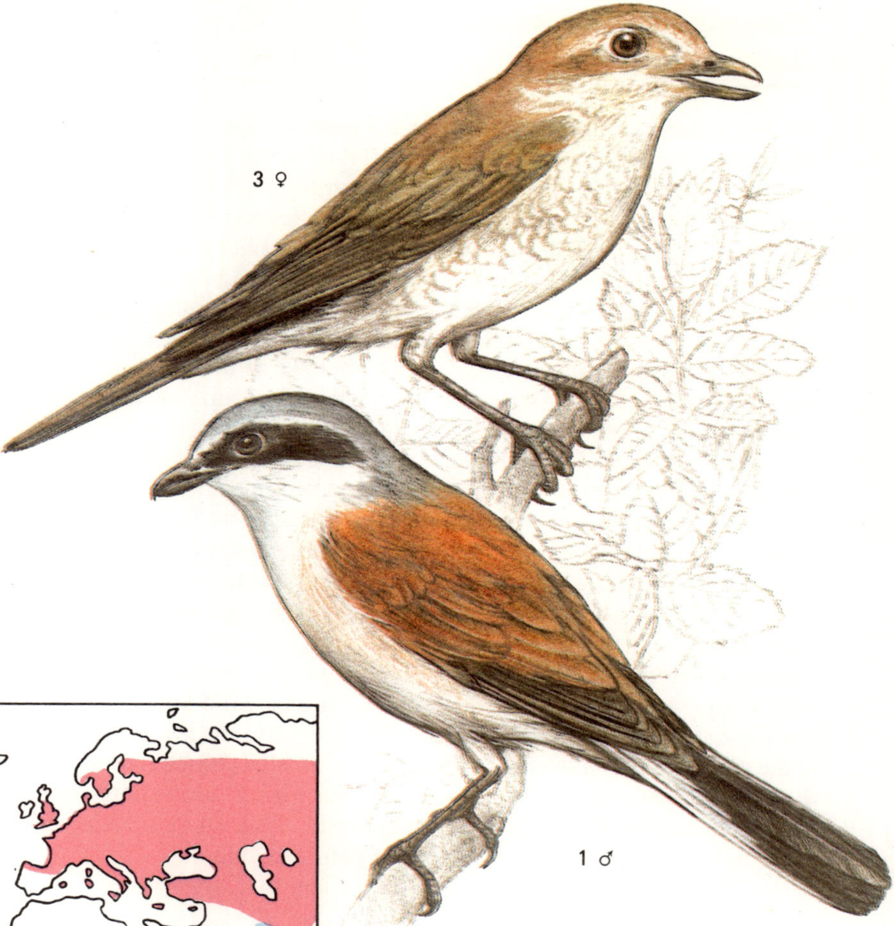

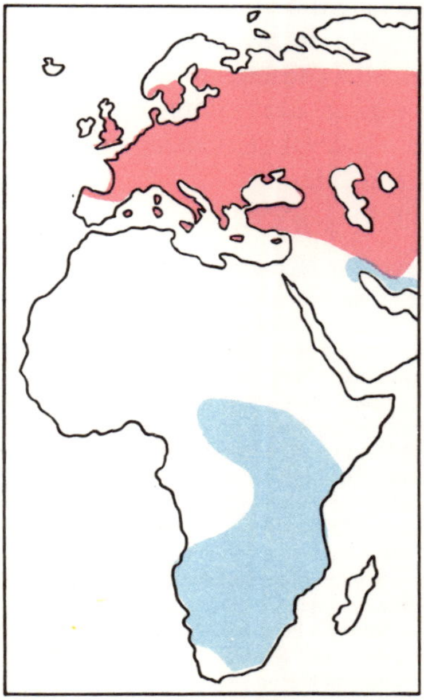

Le vol de la pie-grièche paraît habile et léger. Elle aime se percher pour fondre sur sa proie, au sol. Les cris d'appel ou d'alarme, semblables, sont des «tsek tsek» qui résonnent comme des claquements de langue. Son chant doux comporte l'imitation des voix d'autres oiseaux.

Pie-grièche à poitrine rose Laniidés
Lanius minor *Laniidae*

La pie-grièche à poitrine rose niche sur une aire qui s'étend sur la France, l'Europe centrale et méridionale et sur l'Asie jusqu'à l'Altaï, mais évite une grande partie de l'Europe occidentale et septentrionale. C'est une espèce rigoureusement migratrice. Il semble que toutes ses populations hivernent dans les savanes boisées d'Afrique australe. Les pies-grièches d'Europe occidentale et centrale partent en automne en direction du sud-est, vers l'Afrique du Nord-Est, en survolant les Balkans et les régions orientales de la Méditerranée. Arrivées en Afrique, elles obliquent vers le sud pour rejoindre leurs lieux d'hivernage. Les populations d'Europe orientale et de Sibérie du Sud-Ouest se rassemblent, au cours de leur migration, dans une région située entre l'ouest de l'Égypte et le golfe Persique et s'y mêlent aux oiseaux venus d'Europe occidentale et centrale. A l'instar des pies-grièches écorcheurs, les pies-grièches à poitrine rose suivent une trajectoire en boucle. Dans certaines régions de leur aire d'hivernage (en Namibie par exemple), elles font concurrence, par leur alimentation, aux pies-grièches écorcheurs (*L. collurio*).

Les pies-grièches à poitrine rose reviennent sur leur aire de reproduction fin avril et en mai. Contrairement aux pies-grièches grises (*L. excubitor*), elles exigent un paysage plus boisé pourvu d'allées, de parcs et de brise-vents. Le couple construit son nid assez haut dans un arbre, souvent à plus de 10 mètres au-dessus du sol. Il est fait d'herbes ou d'autres plantes, de mousse, de ramilles et de racines tressées; l'intérieur est garni de poils et de duvet. Le mâle ne prend part à la couvaison que si la femelle s'absente pour se nourrir. Les deux adultes nourrissent les petits. Leur régime alimentaire se compose de divers invertébrés, surtout de coléoptères. Courant septembre, les pies-grièches à poitrine rose désertent peu à peu leur nid.

La pie-grièche à poitrine rose ressemble beaucoup par la coloration de son plumage à une espèce plus grande, la pie-grièche grise (*L. excubitor*). Son dos est gris et son ventre blanchâtre, teinté de rose. Les bandes noires qui lui barrent les yeux se rejoignent, chez le mâle (1), sur le front noir; c'est sans doute le meilleur signe permettant de la distinguer de la pie-grièche grise (3). Toutefois, le front de la femelle est généralement gris. Le plumage des immatures (2) est dans les tons marron.

Le vol de la pie-grièche à poitrine rose, adroit et rapide, donne une impression de légèreté. C'est précisément en vol qu'on voit le mieux deux taches blanches bien nettes (4) sur l'aile noire. Celles de la pie-grièche grise, semblables, s'étalent sur toute la surface de l'aile (5).

On rencontre généralement la pie-grièche à poitrine rose dans un paysage dégagé, planté d'allées d'arbres. Pour guetter sa proie, elle se perche assez haut. Son cri d'appel, «tsek tsek», peut se transformer en «cvill» plus strident.

3

2
1 ♂
5
4

Pie-grièche à tête rousse
Lanius senator

Laniidés
Laniidae

La pie-grièche à tête rousse recherche des biotopes chauds et secs, faiblement boisés, par exemple des terrains plantés de quelques arbres et au sol nu par endroits, ou des oasis dans le désert. En Europe, on peut la rencontrer près des routes bordées d'arbres ou de poteaux électriques. Néanmoins, elle devient de plus en plus rare en Europe depuis le siècle dernier, surtout dans le Nord-Ouest. La pie-grièche à tête rousse vit aussi en Afrique du Nord et en Asie Mineure. Son aire d'hivernage est une bande de savanes boisées situées entre la Sahara et l'équateur. Elle a besoin d'un climat chaud et, pour cette raison, ne revient sur son aire de nidification qu'au début du mois de mai, lorsque le temps s'est stabilisé. Le couple arrive habituellement en même temps. Après une brève parade nuptiale pendant laquelle les oiseaux ébouriffent leurs plumes et lancent des cris particuliers, le couple se met au devoir de construire un nid solide au faîte d'un arbre, souvent à plus de 15 mètres au-dessus du sol. Le mâle nourrit assidûment la femelle pendant qu'elle couve. Les deux parents s'occupent des petits, la famille restant unie, même lorsque les jeunes ont quitté le nid, jusqu'à la migration automnale.

Le régime alimentaire des pies-grièches à tête rousse se compose d'invertébrés divers, surtout de grands insectes; les vertébrés, surtout de petits mammifères ou des lézards, n'y apparaissent que sporadiquement. Leur stratégie de chasse est la même que celle des autres pies-grièches: l'oiseau se perche pour fondre brusquement sur sa proie.

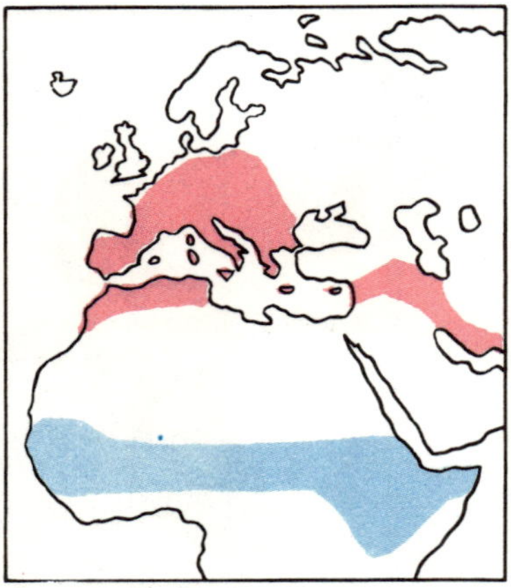

La pie-grièche à tête rousse est la plus belle des pies-grièches européennes. Un peu plus grande qu'un moineau, elle est revêtue à l'âge adulte (1) d'une livrée noire et blanche complétée par une calotte rouge-brun. Son vol rappelle celui de la pie-grièche écorcheur. On peut voir à cette occasion les plages blanches des ailes ainsi que le croupion, le ventre et les rectrices externes, blancs également (3). Les immatures au plumage discret (2) ressemblent énormément à ceux de la pie-grièche écorcheur. Seule la coloration de leur dos est légèrement plus jaunâtre et leur ventre blanc est traversé de traits ondulés marron. On distingue la femelle du mâle aux plages brunâtres qui ornent le dessus du corps.

Dans son habitat, la pie-grièche à tête rousse passe souvent inaperçue en dépit de son plumage contrasté. Assez taciturne, elle lance toutefois des «crec crec» lorsqu'elle défend son nid.

Pinson du nord | Fringillidés
Fringilla montifringilla | *Fringillidae*

Le pinson du nord habite de vastes étendues dans le nord de l'Europe et de l'Asie où il remplace le pinson des arbres (*Fringilla coelebs*). Il vit dans la taïga nordique et les bosquets de bouleaux. En Europe, la limite méridionale de son aire de répartition est fluctuante. Il semble que depuis ces dernières années les pinsons du nord se retirent partiellement vers le nord, alors qu'on enregistre un nombre sans cesse croissant de pinsons nichant sporadiquement en Europe centrale et dans d'autres endroits fort éloignés de leur aire de nidification continue.

Le pinson du nord se rend dans des contrées proches pour y passer l'hiver et c'est, en même temps, une espèce qui pratique les invasions. Certaines années, on a observé dans leurs lieux d'hivernage en Europe centrale et méridionale des bandes de pinsons du nord comptant des centaines de milliers d'individus. A cette occasion, ces oiseaux inondent littéralement les hêtraies où ils se nourrissent de faines, se régalant avec le même appétit de graines de plantes sauvages ou cultivées. C'est pourquoi ils se joignent aux autres oiseaux granivores, pinsons des arbres, verdiers et chardonnerets, et vivent avec eux à proximité des décombres et d'autres endroits analogues, visitant aussi très volontiers les mangeoires installées près des habitations. Le pinson du nord réapparaît sur son aire de nidification en mars ou en avril. Compte tenu des conditions climatiques rigoureuses des régions nordiques, la femelle ne pond qu'une fois par an. Elle est seule à couver. Le mâle l'aide à nourrir sa progéniture toujours en appétit, après l'éclosion des œufs. Le régime alimentaire des pinsons du nord est animal autant que végétal. Une fois émancipés, les jeunes oiseaux se joignent aux adultes et migrent en grandes bandes sous les climats plus doux.

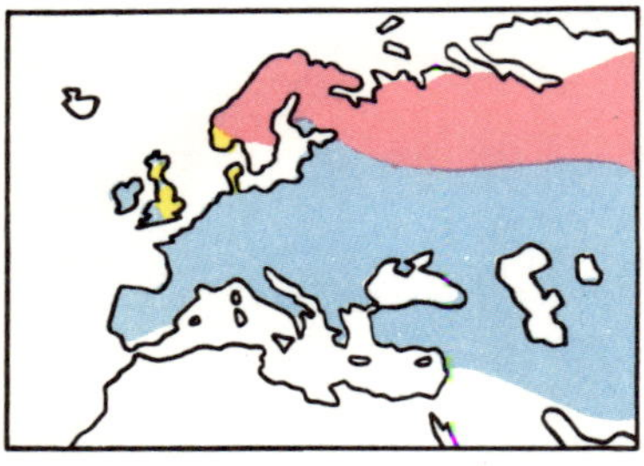

Le pinson du nord a la même taille que son parent proche, le pinson des arbres, qui a par ailleurs les mêmes mœurs. Son croupion est toujours d'un blanc éclatant. Le mâle revêtu (1) de sa livrée nuptiale est un oiseau très gracieux. Sa tête et son dos sont noirs, ses épaules et sa poitrine d'un orange vif. Les bandes blanches sur les ailes foncées attirent l'œil. Elles sont surtout visibles en vol (3), ainsi que le croupion blanc. La livrée de la femelle (2) est plus modeste. Ses épaules et sa poitrine sont jaunâtres. Le dessus de son corps gris-brun est parsemé de taches sombres. Les immatures ressemblent à leur mère.

Pour la migration, les pinsons du nord se réunissent indifféremment en petits groupes ou en bandes immenses. Leur cri d'appel est un «tieuc tieuc» ou un «kié» caractéristique.

3 ♂

2 ♀

1 ♂

Serin cini
Serinus serinus

Fringillidés
Fringillidae

Le serin cini n'est devenu migrateur que depuis peu de temps. Sédentaire à l'origine et installé dans la région méditerranéenne, le serin cini a franchi les Alpes et s'est répandu depuis le début du XIXe siècle dans toute l'Europe. En 1922, il a pénétré aux Pays-Bas, en 1942 dans le sud de la Suède, en 1948 au Danemark, en 1967 en Grande-Bretagne et en Finlande. Ses populations d'Europe du Sud et d'Afrique du Nord sont restées sédentaires, mais celles qui nichent plus au nord sont migratrices. Le serin cini a su s'adapter très rapidement aux conditions écologiques des régions récemment colonisées. Les oiseaux qui nichent au nord des Alpes hivernent dans les régions méditerranéennes et au Proche-Orient. Le baguage a démontré que les populations belges hivernent le plus souvent en France, alors que celles d'Allemagne migrent en Italie, dans le sud de la France et en Espagne. Pendant leur voyage, les serins cinis d'Europe centrale et occidentale empruntent le plus souvent la direction du sud et du sud-ouest. Ils reviennent sur leur aire de reproduction par petites bandes, dès le mois de mars et en avril. Les mâles réapparaissent les premiers, annonçant bruyamment leur retour. Ils occupent immédiatement leur territoire de ponte et le défendent âprement. Le choix de l'emplacement du nid et sa construction incombent à la femelle, mais les deux adultes participent à la couvaison et se partagent les soins apportés aux petits. Les graines des plantes sauvages ou cultivées sont le premier composant du régime alimentaire des serins cinis. Après l'émancipation des jeunes, les familles se regroupent en petites bandes et s'envolent vers les pays plus chauds, de septembre à octobre.

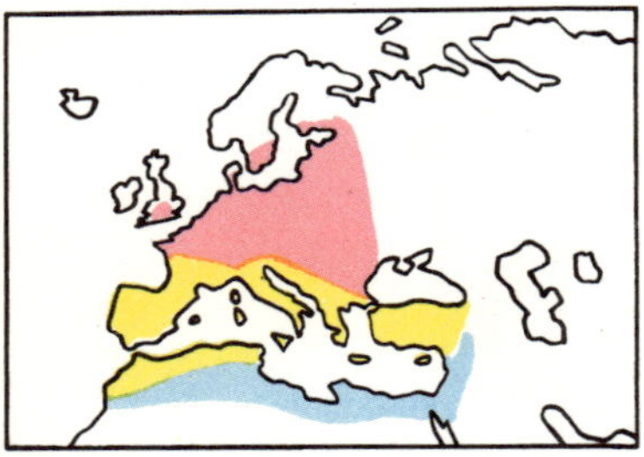

Le serin cini est un oiseau menu apparenté au canari. Son bec court conique indique qu'il s'agit d'une espèce spécialisée dans la collecte des graines. Sa queue assez longue est faiblement échancrée. Le croupion d'un jaune vif est l'attribut des adultes; il est surtout visible en vol (3). Tout le devant du mâle (1) est jaune, constellé de taches foncées longitudinales. Les immatures ressemblent beaucoup à la femelle (2), au plumage plus terne, mais ils n'ont pas le croupion jaune et leur livrée est encore mouchetée.

Le vol du serin cini est rapide et onduleux. Une fois leurs petits émancipés et prêts pour la migration, les serins cinis se regroupent en bandes plus ou moins importantes. Leur cri d'appel est un «guirlit» aigu; leur chant est fait de trilles.

3
1 ♂
2 ♀

Bruant des neiges Embérizidés
Plectrophenax nivalis *Emberizidae*

Le bruant des neiges vit dans les régions arctiques situées dans la partie la plus septentrionale de l'Eurasie et de l'Amérique du Nord. Dans l'ordre des Passereaux, il n'existe pas d'oiseau nichant plus au nord que le bruant des neiges. L'espèce a développé toute une série de sous-espèces sur sa vaste aire de répartition. Ses migrations à courte distance conduisent le bruant des neiges vers des régions plus méridionales, mais aussi dans le sud de l'Europe et de l'Afrique du Nord. On a pu constater par le baguage que certains individus restent fidèles à un seul lieu d'hivernage, tandis que d'autres ont été enregistrés en Europe, puis l'année suivante en Amérique du Nord. Sur son aire d'hivernage, on rencontre le bruant des neiges dans un paysage dégagé, surtout dans les champs.

Les bruants des neiges vivent dans la toundra à la végétation rare et dans les rochers qui bordent les fleuves et les mers nordiques. Ils nichent par couples isolés de juin à juillet. La femelle bâtit seule le nid en utilisant l'herbe et les lichens, puis le garnit avec du duvet et des poils. Elle se charge également de la couvaison, le mâle lui apportant parfois à manger. Après l'éclosion des œufs, les deux parents s'occupent des petits pendant deux semaines environ. En été, différents insectes, surtout des mouches, constituent leur principale source de nourriture, complétée en petite quantité par les graines d'herbes et de bouleaux. Leur nourriture d'automne et d'hiver se compose de graines d'herbes et de diverses plantes sauvages que les oiseaux ramassent le plus souvent sur le sol.

Le bruant des neiges est à peine plus grand qu'un moineau. On le reconnaît à ses plages alaires blanches caractéristiques, bien visibles en vol, et qui contrastent fortement avec les rémiges noires (4). La livrée nuptiale du mâle est dans les tons blancs (1), mais en hiver il redevient ocre (2). Ses rectrices externes sont blanches, alors que celles du milieu sont noires. On reconnaît la femelle (3) à son occiput plutôt marron et à ses mouchetures sombres. Les immatures ressemblent de manière frappante à la femelle.

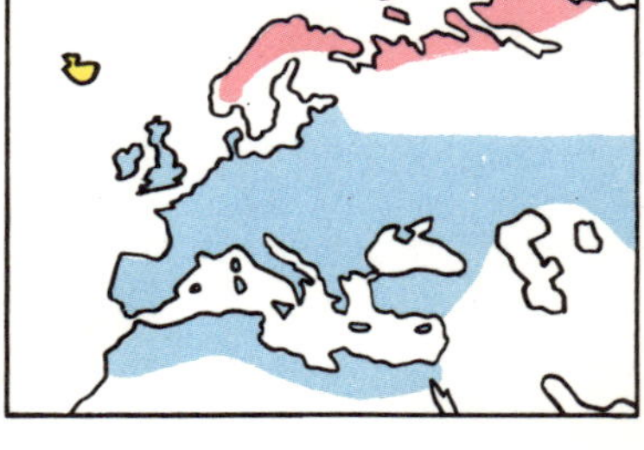

Le vol du bruant des neiges est rapide, avec de longues ondulations horizontales. Dans ses lieux d'hivernage, on l'observe le plus souvent par petits groupes, sur les terrains herbeux ou les chaumes. Son cri d'appel est un «tiou» que l'oiseau lance en vol. Il chante avant de se poser, faisant entendre alors des «tiouri tiouri tiouri titii».

4

3 ♀

2 ♂

1 ♂

Bruant ortolan Embérizidés
Emberiza hortulana *Emberizidae*

Le bruant ortolan niche sur une vaste zone qui couvre l'Europe, excepté le nord de la Russie, le nord de la Scandinavie, la Grande-Bretagne et certaines régions situées à l'ouest du continent. Son aire de répartition pénètre jusqu'en Asie. Il recherche les biotopes secs avec des buissons et des arbres clairsemés, et une couverture herbeuse plus ou moins continue. On le rencontre dans les plaines cultivées, les vignes, les broussailles, les forêts de bouleaux (en Scandinavie). En Asie et dans le sud de l'Europe, il monte à des altitudes élevées en montagne pour nicher.

Les populations d'Europe occidentale et, en partie, celles d'Europe centrale migrent vers le sud-ouest. Les oiseaux qui nichent plus à l'est s'envolent vers le sud-est, traversent le Proche-Orient et parviennent en Afrique orientale. On estime que, chaque année, 120 millions de bruants ortolans se rendent en Afrique entre août et septembre; la plupart d'entre eux hivernent dans la région située au sud du Sahara.

Les bruants ortolans reviennent sur leur aire de nidification entre avril et mai, et occupent des territoires de ponte dans des endroits propices qu'il défendent vaillamment contre les intrus appartenant à la même espèce.

La femelle choisit l'emplacement du nid qu'elle construit sans l'aide du mâle qui ne fait que l'accompagner. Il commence à participer activement au moment où il faut nourrir les petits.

Le régime alimentaire des bruants ortolans est aussi bien animal que végétal, mais les jeunes se nourrissent uniquement d'insectes. Le composant végétal consiste surtout en graines de toutes sortes.

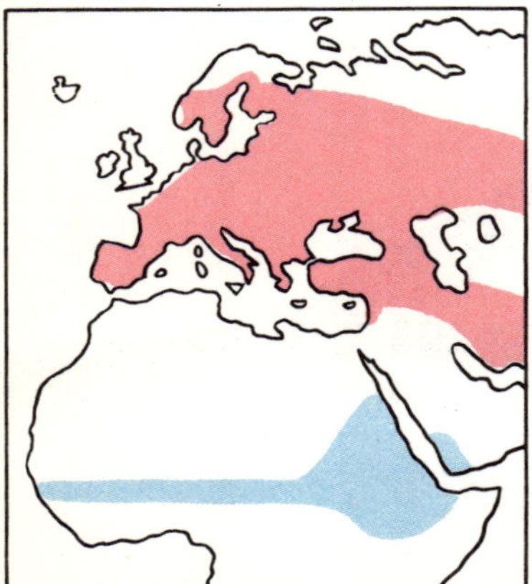

Le bruant ortolan est aussi grand qu'un moineau. C'est un oiseau discret. Le mâle (1) a la tête, le cou et la poitrine gris, le menton jaunâtre est rehaussé sur les côtés par des moustaches grises. Son ventre est brun-rouge clair. Les tons marron prédominent sur son dos, constellé de taches foncées. Sa queue est foncée, à l'exception des rectrices externes bordées de blanc (3). La tête de la femelle (2) est plus brune et la tache jaune du menton est moins nette. Les immatures, qui ressemblent beaucoup à la femelle, ont toutefois le dos parsemé de taches plus nettes et plus sombres.

Le vol du bruant ortolan est rapide et onduleux comme celui du bruant cendrillard. Perché au sommet d'un arbre ou d'un buisson, il lance son chant fait de «tititi ta» dont la cadence est plus lente et la dernière syllabe plus basse que celles du chant du bruant cendrillard. Son cri d'appel, «sip», est plus doux que le cri de ce dernier.

3

2 ♀

1 ♂

Index des noms français

Index des noms latins

Table